ライブラリ理学・工学系物理学講義ノート=6

量子力学
講義ノート
前期量子論から量子もつれまで

竹内 繁樹 著

サイエンス社

● 編者まえがき ●

　二十世紀前半での量子力学や相対論の成立によりミクロな世界の解明が進み，二十一世紀に入った今日，その影響が情報インフラや医療現場までおよび，グローバルに社会を革新しつつあります．この「社会を変えた学問」の基礎に広い意味の物理学の考え方が浸透しているのです．現在，物理学の基礎を学ぶ意義はこういう広範な科学や技術に広がった課題に対処する能力を身につけることにあります．素粒子や宇宙やハイテクなどの先端研究に至る入門として物理学を学ぶと考えるのは狭すぎます．それだけが物理学を学ぶ動機ではないのです．社会のいろいろな新しい職業で，物理学を修めた人材の活躍が求められているのです．

　物理学の特徴の一つは数理的な手法です．現実を数理の世界にマップして，その論理操作に基づいて，さまざまな現象を統一的に理解したり，事象を予測することが可能となり，逆に，現実を操作することも出来るのです．数理経済学や統計学も数理的手法ですが，現実が複雑過ぎて単純でなく，また情報科学も数理ですが，言語が対象のため現実との対応が複雑です．その点，身体的感覚で繋がっている物理的現象を通じて，現実を数理の世界にマップする訓練は実感があり，数理化の能力が一番身につくのです．

　AIなど情報処理能力のインフラが実現している現在，物理現象だけでなく，諸々の現象を，数理的に扱うことが次代の学問になります．このための数理にのるモデルの構成などの課題で，物理現象を数理に置換える物理学の訓練が大事になります．長年にわたって練り上げられた革新的な思考法である物理学の学習はこうした外向きの効果をも持っているのです．意欲ある諸君のこの挑戦に，本「ライブラリ理学・工学系物理学講義ノート」が役立つことを願っています．

2017 年 2 月

佐藤文隆 (京都大学 名誉教授)

北野正雄 (京都大学 大学院工学研究科 教授)

＊本ライブラリでは ISO 80000-2:2009，JIS Z8201 などの標準において推奨される表記法にしたがい，虚数単位 i，微分 d，ネピア数 e などをローマン体で表記しております．

●まえがき●

　本書は，筆者が京都大学工学部電気電子工学科で行っている講義をもとにした，量子力学の教科書である．執筆時点では3年次前期に講義を行っているが，本書の内容は2年次，あるいは1年次であっても理解は十分可能である．

　現在，量子力学の本質的な性質を駆使する「量子技術」の研究が急速に進展している．従来のコンピュータとは異なる原理で動作し，ある種の問題を圧倒的な速度で解く「量子コンピュータ」，量子論の原理で盗聴を不可能にする「量子暗号」，また従来技術の限界を超える感度や分解能を実現する「量子センシング」などが研究されており，その応用範囲も，物理学のみならず，情報科学から生命科学まで極めて幅広い．そこで重要な，量子力学における本質的な性質が，「重ね合わせ」，「不確定性関係」，「量子もつれ」である．本書では，これらをはじめとする，量子の不思議な「振舞い」について，読者ができるだけ具体的に実感できるよう工夫した．

　実際，量子力学の誕生から100年，これまでにも，量子力学に関する多くの素晴らしい教科書が出版されてきた．それらの教科書は，より伝統的な「微分方程式であるシュレーディンガー方程式を，様々な状態における解法を中心に記述する」ものと，「ディラックの導入したブラ・ケット形式を用いて，線形代数として記述する」ものの2つに大別される．最近は，数学的な見通しがよい後者をとるものが増えてきており，また前述した量子技術の研究でももっぱらブラ・ケット形式を用いた記述がなされている．しかし，数学的な抽象度が高く，また高校で習った「前期量子論」とのつながりも極めて見えにくい．現状では，最初の量子論の講義は前者の形式で，発展型の講義は後者の形式で学ぶこともあると思われるが，その2つの形式の間の関係に学習者は戸惑うことになる．

　そこで，本書では，前半で前期量子論からシュレーディンガー方程式が導出される過程を示すとともに，シュレーディンガー方程式を用いて井戸型ポテンシャルや調和振動子ポテンシャルなどの問題を解く過程で，その特定の状況に

おいて「重ね合わせ」や「不確定性関係」について具体的に検討する．そのようにして，具体的なイメージを持った上で，本書の後半ではヒルベルト空間とブラ・ケット形式を導入し，それまで特定の問題で見てきた関係が，数学的な，構造的な帰結として要請されていることを確認する．例えるなら，「動物」を理解する際に，まずは「動物園」を訪れて様々な動物を具体的に見て，それぞれの性質を学んだ後，座学においてそれらの動物に共通した性質について統一的な理解を深める，という方法である．実際の講義においても，学生にはこの方式は概ね好評である．また，読者が様々な場所で「量子力学」を使う場合にも，様々な形式に自然と適応できるだろう．

　また，冒頭にも述べたように，現在の量子技術の発展を踏まえ，量子力学の本質的な性質を中心に説明するよう工夫した．例えば，「ある量子のもつ任意の量子状態は，複製することができない」という，いわゆるノークローニング定理は，量子の非常に重要な特徴であり，量子暗号の基本ともなっているが，通常この初級レベルの量子力学の教科書では説明がされていない．また，量子論の中心的な概念である，「量子もつれ」や「ベルの不等式」についても，1つの章を割いて，思考実験的な記述により丁寧に解説した．さらに不確定性関係に関しても，単に関係式を示すだけでなく，それが実際の実験においてどのように立ち現れてくるのか（この点，非常に誤解が多い）も詳述した．また，量子力学は，前述の量子技術はもちろん，すでに読者の日常生活にも関係する様々な分野で現実に活用されており，それらについても触れるようにした．

　その分，量子力学の基本的な性質とは直接関係しない話題について，通常の教科書でよく取り上げられるもので省いたものがある．その1つが，クーロン場におけるシュレーディンガー方程式の解である．そのような話題については，参考書を示したので，そちらを参照してほしい．また，量子力学の教科書において，数学的な「テクニック」が，その本質的な理解を妨げる場合がある．本書では，なにが「本質」でなにが「テクニック」かも区別するよう心がけた．

　本書により，「量子技術」の各分野での研究者を目指す人はもちろん，情報科学から生命科学まで，幅広い分野で将来活躍される読者にも，不可欠なリテラシーとしての「量子力学」を学んでほしい．

　本ライブラリにおいて本書の執筆の機会をいただき，また量子物理学の泰斗として，草稿に対しまして多くの重要で丁寧なご指摘およびご助言をいただき

ました，京都大学名誉教授の佐藤文隆先生，北野正雄先生には，心より御礼申し上げます．また，本当に遅々として進まない原稿執筆に対しまして，極めて忍耐強くまた暖かくご鞭撻いただき，また丁寧な校正を賜りました，サイエンス社の田島伸彦様，仁平貴大様に心より感謝申し上げます．そして多忙な中，草稿に対して貴重なご指摘，ご示唆をいただきました，京都大学の岡本亮先生，衛藤雄二郎先生，向井佑先生ならびに千歳科学技術大学の髙島秀聡先生に感謝申し上げます．また学生の立場から，記述の詳細な確認や貴重なコメントをいただきました，後藤啓文さん，坂本健伍さん，橋本朔さん，竹内七海さんに感謝申し上げます．他にも，研究者の皆様との議論，授業中の学生諸君の質問や指摘も大変参考になりました．ただし，本書の内容に誤りがあった場合は，もちろん筆者の責任です．最後に，常に筆者を支え励ましてくれている家族に，この場をお借りして心からの感謝を捧げます．

2023 年 10 月

竹内繁樹

目　　次

サイエンス社のホームページのご案内

https://www.saiensu.co.jp

ご意見・ご要望は　rikei@saiensu.co.jp　まで.

量子革命と前期量子論

　本章では，高校でも習う前期量子論について，いわゆる「量子革命」の歴史的な経緯にも触れながら概観する．科学リテラシーとしても大切で，また実際に 2 章以降でシュレーディンガー方程式の物理的な意味を理解する上でも重要である．ぜひ，量子革命での，新進気鋭で後に偉人と呼ばれる科学者達の格闘ぶりにも思いを馳せてほしい．

1.1　現代社会と量子力学

　読者も，「**量子コンピュータ**」や「**量子暗号**」といった言葉を聞いたことがあるかもしれない．量子コンピュータは，電子や光子の「**重ね合わせ状態（superposition state）**」を用いることで，複数の演算を同時並列的に遂行し，通常の方式のコンピュータでは時間がかかりすぎて解けない問題を解くことが可能になる．量子暗号は，「**不確定性原理（uncertainty principle）**」を利用して，暗号で使用するための共通の乱数表を，通信路において盗聴者に情報がもれていないことを確認しつつ，離れた 2 者間で共有する仕組みである．

　この「重ね合わせ状態」や「不確定性原理」は，量子力学的に振る舞う粒子のもつ基本的な性質である．この他の重要な性質として「**量子もつれ（quantum entanglement）**」がある．これは，複数の量子の状態を考える場合，一般には，それらの量子の距離がどれだけ離れていても，個々の量子ごとにある特定の状態をもっていると考えてはならない，というものである．この性質を用いて量子状態を異なる粒子間で転送する「**量子テレポーテーション（quantum teleportation）**」は，読者も耳にされたことがあるかもしれない．また，最近はこの量子もつれを利用することで，従来の計測技術の限界を超えた感度や精度をもつ**量子センシング（quantum sensing）**の研究も進められている．これら一連の研究の急速な進展は，欧米では，100 年前の量子力学が生み出された頃の劇的な技術の進展である「**量子革命（quantum revolution）**」になぞらえ

て,「**第 2 量子革命**（second quantum revolution）」と呼ばれている.

　その量子革命から 100 年,量子力学は,前述した量子技術以外にも,社会や生活の中で様々に応用されている.たとえば,計測の分野では,時間や電流の測定において,量子力学に基づいた「**量子標準**」が用いられている.また,センシングから加工までいろいろな分野で用いられているレーザーや LED なども量子力学に基づいて開発されている.化学の分野でも,分子設計では,量子力学に基づいた「**第一原理計算**」により,分子の性質を調べている.

　それでは次に,100 年前の量子革命の時代に戻り,どのように量子論が発展したのかを見てみよう.

1.2　原子の発光と原子モデルの謎

　スイスのバーゼルの女学校で数学の教師をしていたヨハン ヤコブ バルマー（Johann Jakob Balmer）は,報告されている水素原子の発光スペクトル線（**図 1.1**）の波長 λ の間に,奇妙な関係があることに気づいた.それが次式である.

$$\lambda = f\left(\frac{n^2}{n^2 - 4}\right) \tag{1.1}$$

ここで,$f = 364.56\,\mathrm{nm}$, $n = 3, 4, 5, 6$ である.その後,スウェーデンのルント大学のヨハネス リュードベリ（Johannes Rydberg）は,より一般的に水素を含むアルカリ原子のスペクトルの研究を行い,波数 $1/\lambda$ を基準にした際に

Hα 線：$\lambda = 656.28\,\mathrm{nm}$（赤色）

Hβ 線：$\lambda = 486.13\,\mathrm{nm}$（水色）

Hγ 線：$\lambda = 434.05\,\mathrm{nm}$（青色）

Hδ 線：$\lambda = 410.17\,\mathrm{nm}$（紫色）

図 1.1　水素原子の発光スペクトル線（画像はウィキメディア・コモンズより修正・引用,カラー版はカバー表 4 に掲載）

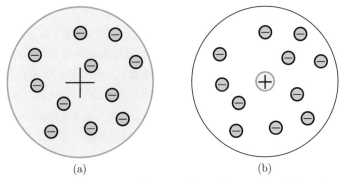

図 **1.2** (a) トムソンの原子モデル (b) ラザフォードの原子モデル

$$\frac{1}{\lambda} = RZ^2 \left(\frac{1}{n_1^2} - \frac{1}{n_2^2} \right) \tag{1.2}$$

という規則性に気づいた. ここで, Z は原子番号, R は**リュードベリ定数** (Rydberg constant) であり, $R = 1.09737 \times 10^7 \, \mathrm{m}^{-1}$ で与えられる. また, n_1, n_2 は, $n_1 < n_2$ を満たす任意の自然数である. しかし, なぜアルカリ原子の発光スペクトルがこの式に従うのかは大きな謎であった. この謎を解くことこそが, 当時の物理学者の大きな目標となった.

 一方, 原子の構造についても研究が進められていた. 英国ケンブリッジ大学のジョセフ ジョン トムソン (Joseph John Thomson) は, プラムプディングモデル (ぶどうパンモデル) と呼ばれるモデルを 1904 年に提案した (**図 1.2 (a)**). 一様に連続的に分布している正電荷の中に, 多数の負電荷が, いくつもの殻構造をなして周回しているというモデルである. 一様な正電荷をパンに, 電子をぶどうの粒に見立てて名付けられている. また, 東京大学の長岡半太郎も, 1904 年に, ある大きさの球状に分布した正電荷のまわりを, 多数の電子が土星の輪のように周回しているという「土星の輪」モデルを提案した.

 そして 1911 年に, 当時マンチェスター・ビクトリ大学のアーネスト ラザフォード (Ernest Rutherford) の指導のもと, ハンス ガイガー (Hans Geiger) とアーネスト マースデン (Ernest Marsden) によって, α 線の一部が, 金原子によって大きく散乱されることが見出された (**ガイガー–マースデンの実験**). このことは, トムソンや長岡の, 空間のある領域に正電荷が分布しているとい

うモデルでは説明が困難である．この現象を説明するため，ラザフォードは，
「原子の中心には，電気素量（素電荷）を e として正の電荷 Ne が非常に小さ
な領域に集中して存在し，それとは逆に帯電した N 個の電子がその周囲に存
在する」という，**ラザフォードの原子模型**を発表した（**図 1.2 (b)**）．しかし，
ラザフォードの原子模型には重大な矛盾があった．1897 年に英国ケンブリッ
ジ大学のジョゼフ ラーモア（Joseph Larmor）は，加速度運動をする電子か
らは電磁波が放出されることを示していた．原子の周囲を周回する電子は加速
度運動をしているため，電磁波を放出しエネルギーを失い，最後は中心の正電
荷（原子核）へと落ち込んでしまうはずであるが，実際の原子は安定して存在
する．この矛盾を説明することができなかったのである．

1.3　エネルギー量子仮説と光量子仮説

　当時，もう 1 つの謎が**黒体輻射スペクトル**の問題だった．物体は熱すると赤
く光り始め，さらに加熱すると白く輝き始める．理想的な発光体としての「黒
体」から放射される熱のスペクトルは，1890 年代には実験的に求められるよ
うになった．しかし，古典電磁気学と古典統計力学に基づいた，独国のヴィル
ヘルム ウィーン（Wilhelm Wien）による**ウィーンの放射法則**では短波長領域
のみ一致し，また英国のレイリー卿（Lord Rayleigh）とジェームズ ジーンズ
（James Jeans）による法則（**レイリー–ジーンズの公式**）では長波長のみしか
一致しなかった．独国ベルリン大学のマックス プランク（Max Planck）は，
黒体の壁が振動子でできており，それらが**エネルギー量子**（energy quantum）
E の整数倍の電磁波を放射，吸収すると仮定した．

$$E = h\nu = \hbar\omega \tag{1.3}$$

で，ν は電磁波の周波数，$\omega = 2\pi\nu$ は角周波数，h はプランクの導入した定数
（**プランク定数**）で $h = 6.626 \times 10^{-34}$ J·s，また $\hbar = h/2\pi$ である．ちなみ
に，h は「エッチ」またはドイツ語風に「ハー」と，$\hbar$ は「エッチバー」と発
音することが多い．なお，この時点ではプランクは，電磁波のエネルギーの量
子化は考えていなかったことに注意が必要である．

　1905 年，アルベルト アインシュタイン（Albert Einstein）は，電磁波が空
間の点に局在したエネルギー量子から成り立つという，いわゆる「**光量子仮説**」

を発表する. その量子のもつエネルギーは, 光速度を c として次の式で与えられる.

$$E = \frac{ch}{\lambda} = h\nu \tag{1.4}$$

アインシュタインは, この仮説により**光電効果**の理論的な説明に成功した. 1888 年, 独国のヴィルヘルム ハルヴァックス (Wilhelm Hallwachs) は, 金属に短波長の光を照射すると, 金属表面から電子が飛び出す現象 (光電効果) を発見した. また, ある波長より長い波長の光を照射しても電子は放出されないこと, 光の波長が一定の場合, 光の強度を強くしても, 放出される電子のもつエネルギーは変化しないことなどが分かっていた. これらは, 従来の連続的な波としての光の描像からは説明できていなかった. 光量子仮説によれば, 光量子のエネルギーが電子を金属表面から叩きだすのに十分な, 一定の波長より短い光を照射した場合にのみ電子が放出されること, 波長が一定の場合には, 光強度によらず, 光量子のもつエネルギーは一定であり, そのため放出される電子のもつエネルギーも一定になると説明できる.

1.4 ボーアの理論

このように, 様々な新たな仮説が提唱される中, ついに, 式 (1.2) で表されるアルカリ原子の発光スペクトルの謎を説明することに成功したのが, デンマークのニールス ボーア (Niels Bohr) である. 彼の理論は, しばしば「**前期量子論**」とも呼ばれる. 早速, ボーアの理論について見てみよう.

ボーアは, 2 つの仮定を設定した. 1 つ目の仮定は,「原子内の電子のエネルギーは, 飛び飛びの値 $E_1, E_2, \cdots, E_n, \cdots$ をとる」というものである. ここで, E_i は**エネルギー準位** (energy level) と呼ばれる. また,「電子はこれらのエネルギーをもつとき, 定常状態 (stationary state) にあり, 電磁波の放射を行わない」とし, さらに,「定常状態の電子の力学的平衡 (dynamical equilibrium) は, 古典力学的に計算することができる」と仮定した.

2 つ目の仮定は,「電子がある定常状態から別の定常状態へと遷移 (transition) するとき, 原子が電磁波の吸収, 放出を行う」というものである. いま, $E_m > E_n$ とすると, 原子は, エネルギー準位 E_n から E_m に遷移する際,

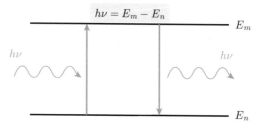

$$h\nu = E_m - E_n$$

図 1.3　エネルギー準位図

$$h\nu = E_m - E_n \tag{1.5}$$

で与えられる，アインシュタインの提唱したエネルギー $h\nu$ の光量子（光子）を吸収する．また，E_m から E_n に遷移する際には，エネルギー $h\nu$ の光量子を放出する（**図 1.3**）．

　また，ボーアは次のような量子条件を課した．その条件は半径 r の円軌道を描く質量 m_e の電子の角運動量 L について，

$$L = rm_e v = n\hbar, \quad n = 1, 2, \cdots \tag{1.6}$$

で与えられる．この量子条件は，後に，独国のアルノルト ゾンマーフェルト（Arnold Sommerfeld）によって，電子が円軌道以外の軌道 C を周回する場合の**一般化された量子条件**に拡張されている．

$$\oint_C p \, dq = nh \tag{1.7}$$

ここで，p は電子の一般化運動量，q は電子の一般化位置座標である．

　では，早速ボーアの理論を用いて，水素原子のエネルギー準位を求めてみよう．**図 1.4 (a)** のように，電荷 $-e$，質量 m_e の電子が，固定された電荷 $+e$ のまわりを，半径 r で円運動をしている状況を考える．

　電子に働くクーロン力は，次式で与えられる．

$$F = \frac{1}{4\pi\epsilon_0} \frac{e^2}{r^2} \tag{1.8}$$

ここで，ϵ_0 は真空の誘電率（電気定数）である．平衡時，F は遠心力とつり合うから，次の式が成り立つ．

$$F = m_e \frac{v^2}{r} \tag{1.9}$$

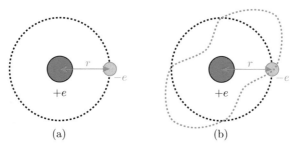

図 1.4 (a) 水素原子のモデル (b) ド・ブロイ波 ($n = 2$) のイメージ

量子条件の式 (1.6), および式 (1.8), 式 (1.9) より, 半径 r は次のように求まる.

$$r = \frac{4\pi\epsilon_0\hbar^2}{m_e e^2}\,n^2, \quad n = 1, 2, \cdots \tag{1.10}$$

特に, $n = 1$ のときの r は, **ボーア半径** a_0 と呼ばれる.

$$a_0 = \frac{4\pi\epsilon_0\hbar^2}{m_e e^2} \tag{1.11}$$

いま, 電子の全エネルギー E は, 運動エネルギーとクーロン力に関する位置エネルギーの和として, 次のように与えられる.

$$E = \frac{p^2}{2m_e} - \frac{1}{4\pi\epsilon_0^2}\frac{e^2}{r} \tag{1.12}$$

式 (1.10), 式 (1.11) を代入して整理すると, 次式が得られる.

$$E_n = -\frac{e^2}{8\pi\epsilon_0 a_0 n^2}, \quad n = 1, 2, \cdots \tag{1.13}$$

この結果から, 電子は, 最低のエネルギー状態 E_0, さらにその上に $E_1, E_2, \cdots$ と離散的な (=量子化された) エネルギー準位をとることが分かる.

いま, このエネルギー準位をもつ電子が, n 番目のエネルギー準位から m 番目のエネルギー準位に遷移するときに放出する光子のエネルギーは次のようになる.

$$h\nu = \frac{e^2}{8\pi\epsilon_0 a_0}\left(\frac{1}{m^2} - \frac{1}{n^2}\right) \tag{1.14}$$

光の振動数 ν は, 光速 c, 波長 λ との間に $c = \nu\lambda$ の関係があることに注意すると,

$$\frac{1}{\lambda} = R\left(\frac{1}{m^2} - \frac{1}{n^2}\right) \tag{1.15}$$

$$R = \frac{e^2}{8\pi\epsilon_0 a_0 ch} \tag{1.16}$$

と得られる．この式 (1.15), (1.16) は，リュードベリが実験値から導出した式 (1.2) と形式が一致しているだけでなく，**リュードベリ定数** R の導出にも成功している（演習問題 1.2）．

このようにして，バルマー，リュードベリの提起した，アルカリ原子の線スペクトルの謎は，ついにボーアによって説明された．しかし，そこでボーアが用いた仮説，特に量子条件の意味するところは不明であった．

1.5 ド・ブロイの物質波と量子条件

フランスのルイ ド・ブロイ（Louis de Broglie）は，アインシュタインの光量子仮説，ボーアの量子仮説をさらに推し進め，「粒子もまた，波のように振る舞う」と考えた．このような波は**物質波**（matter wave），あるいは**ド・ブロイ波**と呼ばれる．物質波の振動数，および波長は次の式で与えられる．

$$\nu = \frac{E}{h} \tag{1.17}$$

$$\lambda = \frac{h}{p} \tag{1.18}$$

では，このド・ブロイの物質波の考え方に基づいて，ボーアの量子条件，式 (1.6) について考えてみよう．式 (1.6) を変形すると，次式が得られる．

$$2\pi r = \frac{nh}{p} \tag{1.19}$$

これに，式 (1.18) を代入すると，次の式が得られる．

$$2\pi r = n\lambda \tag{1.20}$$

これは，ド・ブロイ波の波長 λ の整数倍が，円周と一致していることを表している．つまり，定常状態は，ド・ブロイ波が，定在波として存在できるときであることを意味している．$n = 2$ のときのイメージを**図 1.4 (b)** に示した．

● 1 章のまとめ

　この章では，バルマーによる，水素原子の発光スペクトル線の不思議な規則（数式）の発見から，ボーアによる理論的な導出を見てきた．量子力学における重要な概念である「エネルギーの量子化」がプランク，アインシュタインにより見出され，またボーアによって発展され，ド・ブロイにより「物質波が定在波となる条件」として理解されたことを，ぜひ振り返って確認してほしい．ただ，前期量子論においては，あくまで「原子の中での電子の振舞い」の説明に範囲が限られており，そこで用いられた仮定も，古典力学にエネルギーの量子化をつぎはぎした感じのものであった．次章では，電子などの素粒子が満たす一般的な方程式である「**シュレーディンガー方程式**」を説明する．また，シュレーディンガー方程式を用いて，粒子のもつ様々な振舞いを調べる．

第 1 章　演習問題

演習 1.1　等速円運動の場合に，式 (1.7) の一般化された量子条件がボーアの量子条件（式 (1.6)）と一致することを示せ．

演習 1.2　式 (1.16) で与えられた R が，実験値 $R = 1.097 \times 10^7 \,\mathrm{m}^{-1}$ と一致することを示せ．ただし，プランク定数 $h = 6.626 \times 10^{-34} \,\mathrm{m}^2 \cdot \mathrm{kg/s}$，真空の誘電率 $\epsilon_0 = 8.854 \times 10^{-12} \,\mathrm{F/m}$，素電荷 $e = 1.602 \times 10^{-19} \,\mathrm{C}$，電子の質量 $m = 9.109 \times 10^{-31} \,\mathrm{kg}$，光速度 $c = 2.998 \times 10^8 \,\mathrm{m/s}$ とする．

シュレーディンガー方程式

　本章では，電子などの素粒子が満たす一般的な方程式であるシュレーディンガー方程式を導入する．前章の物質波の概念がどのように方程式につながっているかにも注意してほしい．また，シュレーディンガー方程式で扱う波動関数の確率解釈，波動関数に対する要請などについて述べる．

2.1　分散関係と波動方程式

　まず，前章の前期量子論の内容を整理してみよう．対象とする素粒子のエネルギー E，運動量 p，およびその物質波の周波数 ν，波長 λ の間には，次の関係がある．

$$E = h\nu = \hbar\omega \tag{2.1}$$

$$p = \frac{h}{\lambda} = \hbar k \tag{2.2}$$

ここで，角周波数 $\omega = 2\pi\nu$，波数 $k = 2\pi/\lambda$ である．角周波数は，単位時間あたりラジアン単位で位相がどれだけ回転（変化）するかを表しており，波数 k は，「単位長さあたりの波の数」に 2π をかけたものである．また，エネルギーと運動量の間には次の関係がある．

$$E = \frac{p^2}{2m} \tag{2.3}$$

式 (2.2), (2.3) より，エネルギーと波数の関係が求まる．

$$E = \frac{\hbar^2 k^2}{2m} \tag{2.4}$$

また，式 (2.1), (2.4) より，次の関係が求まる．

$$\omega = \frac{\hbar k^2}{2m} \tag{2.5}$$

この式 (2.5) のような，角周波数と波数の関係は**分散関係**と呼ばれる．式 (2.5) は，「物質波」の満たすべき分散関係を表していると考えられる．

一般に，「波」は波動方程式の解として得られる．ではまず，次に示す一般的な波が満たす波動方程式について，分散関係を調べてみよう．

$$\Delta\psi = \frac{1}{c^2}\frac{\partial^2}{\partial t^2}\psi \tag{2.6}$$

$$\Delta\psi \overset{\text{def}}{=} \left(\frac{\partial^2}{\partial x^2} + \frac{\partial^2}{\partial y^2} + \frac{\partial^2}{\partial z^2}\right)\psi \tag{2.7}$$

ここで，Δ は**ラプラシアン**と呼ばれる．また，c は波の速さを表すパラメータである．1 次元の場合，式 (2.6) は，

$$\frac{\partial^2}{\partial x^2}\psi(x,t) = \frac{1}{c^2}\frac{\partial^2}{\partial t^2}\psi(x,t) \tag{2.8}$$

となり，次の一般解をもつ．

$$\psi(x,t) = A\exp\{\mathrm{i}(kx - \omega t)\} \tag{2.9}$$

ここで，i は虚数単位，A は任意の定数である．式 (2.9) を式 (2.8) に代入すると，次の式が得られる．

$$c^2 k^2 = \omega^2 \tag{2.10}$$

よって分散関係は次の式で与えられる．

$$\omega = \pm ck \tag{2.11}$$

これは，角振動数 ω が波数 k に比例することを示している．一方，式 (2.5) より，「物質波」の分散関係は角振動数 ω が波数 k の 2 乗に比例することを示している．このように物質波の満たす分散関係は，一般的な波動方程式 (2.6) の解がもつものとは異なる．

2.2 シュレーディンガーの波動方程式

ド・ブロイの物質波に対する波動方程式を見出した人物こそが，オーストリア生まれで，その考えを初めてコロキウムで発表した 1925 年当時スイスのチューリッヒ大学に在籍していた，エルヴィン シュレーディンガー（Erwin Schrödinger）である．その有名な**シュレーディンガー方程式**（Schrödinger equation）は，ポテンシャルのない自由空間中の粒子に対しては次式で与えられる．

$$-\frac{\hbar^2}{2m}\Delta\psi(x,y,z,t) = i\hbar\frac{\partial}{\partial t}\psi(x,y,z,t) \tag{2.12}$$

$\psi(x,y,z,t)$ は**波動関数**（wave function）と呼ばれる．

　では，シュレーディンガーの波動方程式の解が，どのような分散関係をもつのかを確認しよう．1 次元の場合，式 (2.12) の波動方程式は次のように書ける．

$$-\frac{\hbar^2}{2m}\frac{\partial^2}{\partial x^2}\psi(x,t) = i\hbar\frac{\partial}{\partial t}\psi(x,t) \tag{2.13}$$

式 (2.9) が一般解として与えられるとすると，式 (2.9) を式 (2.13) に代入して，次の分散関係が得られる．

$$\omega = \frac{\hbar k^2}{2m} \tag{2.14}$$

これはまさに，式 (2.5) で得られた分散関係と一致している．

　しかし，波動関数には，従来の古典力学（力学，電磁気学）などで扱われた「波」と大きく異なる性質がある．式 (2.13) の右辺に，虚数単位 i があることでも分かるように，波動関数は本質的に複素数で表される，という点である．読者は，電磁気学でも電磁波を複素数で表現することを想起するかもしれない．しかし，電磁波の場合，x 方向の電場 E が，その振幅を E_0 として仮に

$$E = E_0 \exp\{i(kx - \omega t)\} \tag{2.15}$$

と表されたとしても，これは数学的取扱いのための便宜上のもので，実際の（測定される）電場はあくまでその実部 $\mathrm{Re}(E)$ である．ここで，$\mathrm{Re}(z)$ は複素数 z の実部を取り出す関数である．その意味で，式 (2.15) は正確ではなく，その複素共役（complex conjugate, c.c. と略されることが多い）を加えて半分にすることで，実部を取り出す必要がある．測定可能な物理量は実数値をもつはずである．

　では，式 (2.9) の波動関数 ψ は物理的に何を意味するのだろうか．シュレーディンガーは，「波束」と呼ばれる概念を用いて，波動関数は電子などの粒子そのものを表すと考えた．しかし，後の 6 章で示すように，波束は特殊な状況を除いて安定して存在することができないことが分かり，放棄せざるを得なくなった．「波動関数は何を意味するのか」は，実は今でも議論がなされている課

題である．SF などでしばしば登場する「多世界解釈」もその 1 つである．それらの解釈のなかで，現在一般的に受け入れられているのが，デンマークのコペンハーゲンの研究者を中心に唱えられた**コペンハーゲン解釈**，一般に**確率解釈**と呼ばれる考え方である．

確率解釈では，波動関数は粒子を測定した際，ある時空間で観測される確率を与えるもの，と考える．すなわち，時刻 t において波動関数 $\psi(x, y, z)$ で表される状態にある粒子の測定を行ったとき，その粒子が点 (x, y, z) において見出される確率 P は次の式で与えられる．

$$P = |\psi(x, y, z)|^2 \, dv \tag{2.16}$$

ここで dv は粒子の存在する位置における微小体積を表す．粒子は空間のいずれかに存在するから，確率の保存則より次の式が成り立つ．

$$\int |\psi(x, y, z)|^2 \, dv = 1 \tag{2.17}$$

式 (2.17) は，波動関数の**規格化**（normalization）と呼ばれる．

「波動関数とはなにか」は，授業においても必ず学生から質問される，基本的な問である．現在も議論が続いていることからも分かるように，私達の存在する世界とはどのようなものかにも通じる，哲学的にも深い，興味深い問題であるが，本書では確率解釈を採用し，これ以上の議論は別の機会に譲りたい．

2.3 時間に依存しないシュレーディンガー方程式

いま，対象とする状態が時間的に変化しない，定常状態と仮定しよう．この場合，波動関数は次のように書ける．

$$\psi(x, y, z, t) = \psi(x, y, z) \exp(-i\omega t) \tag{2.18}$$

この式と式 (2.1) から，波動関数の空間分布 $\psi(x, y, z)$ に対する方程式は次式で与えられる．

$$-\frac{\hbar^2}{2m} \Delta \psi(x, y, z) = E\psi(x, y, z) \tag{2.19}$$

この方程式は，**時間に依存しないシュレーディンガー方程式**（time-independent Schrödinger equation）と呼ばれる．1 次元の場合には，式 (2.19) は次式で与えられる．

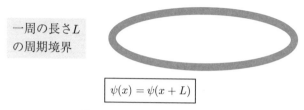

一周の長さL
の周期境界

$$\psi(x) = \psi(x + L)$$

図 2.1　1 次元周期境界条件

$$-\frac{\hbar^2}{2m}\frac{\mathrm{d}^2}{\mathrm{d}x^2}\psi(x) = E\psi(x) \tag{2.20}$$

では，早速この式を用いて，1 次元周期境界条件の場合の波動方程式の解を
求めてみよう．

例題 2.1　1 次元系において，波動関数 $\psi(x)$ に対して，一周の長さが L
の周期境界条件

$$\psi(x) = \psi(x + L) \tag{2.21}$$

が与えられた際（**図 2.1**）の，定常状態における波動関数と対応するエネ
ルギーを求めよ．

[解答]　定常状態とは，時間的に状態が変化しないことを意味する．時間に依
存しない 1 次元の波動方程式 (2.20) を変形すると，次の微分方程式が得られる．

$$\frac{\mathrm{d}^2}{\mathrm{d}x^2}\psi(x) = -\frac{2mE}{\hbar^2}\psi(x) \tag{2.22}$$

まず，$E < 0$ のときを考える．このとき，式 (2.22) の一般解は次のように与え
られる．

$$\psi(x) = A\exp\left(\pm\sqrt{-\frac{2mE}{\hbar^2}}\,x\right) \tag{2.23}$$

ここで A は任意の定数である．しかし，式 (2.23) は，単調に増大または減少
する関数であるため，周期境界条件の式 (2.21) を満たさない．よって，$E < 0$
のときは解が存在しない．

次に，$E \geq 0$ のときを考える．このとき，式 (2.22) の一般解は，

$$\psi(x) = A \exp\left(\pm i \sqrt{\frac{2mE}{\hbar^2}}\, x\right) \tag{2.24}$$

となる．この式が，周期境界条件の式 (2.21) を満たすのは次のときである．

$$\sqrt{\frac{2mE}{\hbar^2}} \times L = 2\pi n \tag{2.25}$$

ここで，n は自然数である．式 (2.25) を E について整理すると，次式が得られる．

$$E_n = \frac{\hbar^2}{2m}\left(\frac{2\pi n}{L}\right)^2 \tag{2.26}$$

ここでは，自然数 n に依存することを強調するために，E に添え字 n を付けた．波数 $k_n = (2\pi n)/L$ を用いると，式 (2.24)，式 (2.26) は次のような，すっきりとした形で表される．

$$\psi_n(x) = A \exp(i k_n x) \tag{2.27}$$

$$E_n = \frac{\hbar^2 k_n^2}{2m} \tag{2.28}$$

最後に，波動関数の規格化により係数 A を決定する．粒子は一周 L のリングのどこかに存在するので，この場合の規格化条件は次のように表される．

$$\int_0^L |\psi_n(x)|^2 \, dx = 1 \tag{2.29}$$

式 (2.27) を代入すると，$|\psi_n(x)|^2 = |A|^2$ なので，

$$|A|^2 L = 1$$

$$A = \frac{1}{\sqrt{L}} \tag{2.30}$$

となる．よって，求める波動関数と対応するエネルギーは

$$\psi_n(x) = \frac{1}{\sqrt{L}} \exp(i k_n x) \tag{2.31}$$

$$E_n = \frac{\hbar^2 k_n^2}{2m} \tag{2.32}$$

となる． □

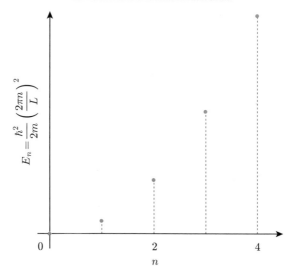

図 **2.2** 1次元周期境界条件のエネルギー固有値

なお，得られた波動関数のことを**固有関数**（eigenfunction），また対応する エネルギーは**エネルギー固有値**（energy eigenvalue）と呼ばれる．**図 2.2** に 式 (2.26) で表されるエネルギー固有値をプロットした．粒子のエネルギーが， 自然数 n に対して，その2乗に比例した離散化した値をとることが分かる．

2.4 波動関数の次元

ところで，「時間」と「速さ」，「長さ」と「面積」などの物理量は，直接比較 することや，互いに加減算することができない．しかし，「仕事」と「エネル ギー」は直接比較することや，互いに加減算することが可能である．このよう な関係を考える際に重要なのが，**物理量の次元**，あるいは単に**次元**と呼ばれる， 単位をより一般化した概念である．なお，空間の「次元」とは異なる概念なの で，注意してほしい．

国際量体系（International System of Quantities）では，**SI 単位系**の基本 量に対して次元を表す記号が与えられている．その記号を利用し本書では，た

とえば，時間，長さ，質量の次元はそれぞれ [T], [L], [M] と表すことにする．すべての物理量の次元は，これらの組合せで表すことができる．たとえば，面積，速度，エネルギーといった物理量の次元はそれぞれ $[L^2], [LT^{-1}], [ML^2T^{-2}]$ と表される．なお，単なる数字や角度などの値は次元をもたず，無次元と呼ばれる．

先ほど述べたように，異なる次元の物理量を互いに比較や加減算することはできない．このため，物理で計算を行う際に，計算間違いが無いかをチェックする手段としても次元を確認することは有益である．

ここで，波動関数の次元について確認しておこう．式 (2.29) の右辺は確率を意味しており，これは無次元である．左辺は，[L] の次元をもつ dx に波動関数 $|\psi_n(x)|^2$ が掛かったものを，積分，つまり足し合わせている．式の両辺の次元は等しいため，$|\psi_n(x)|^2$ の次元は $[L^{-1}]$ となる．よって，$\psi_n(x)$ の次元は $[L^{-1/2}]$ となる．このことは，式 (2.31) において，$\psi_n(x)$ が，無次元の指数関数に次元が $[L^{-1/2}]$ の係数 $1/\sqrt{L}$ が掛かった形になっていることからも確認できる．

なお，波動関数は，その状況によって様々な次元をとり得る．たとえば後に 3 章で見るように，空間的に 3 次元の波動関数の次元は $[L^{-3/2}]$ である．波動関数の次元については 8 章，9 章でも考察する．

2.5 シュレーディンガー方程式の意味

式 (2.12) のシュレーディンガー方程式は，シュレーディンガーが，物質波の分散関係を満たすような微分方程式として見出したことはすでに述べた．一般にシュレーディンガー方程式は，式 (2.22) のように 2 階微分の項に係数が存在しない簡単明瞭な形で表さずに，式 (2.12) のように独特な係数が両辺にかかった形で表される．この理由について考えてみよう．

式 (2.12) の波動方程式の一般解は，次のように表される．

$$\psi = A \exp\{i(\boldsymbol{k} \cdot \boldsymbol{r} - \omega t)\} \tag{2.33}$$

ここで，$\boldsymbol{k}$ は波数ベクトルで $\boldsymbol{k} = (k_x, k_y, k_z)$，$\boldsymbol{r}$ は位置ベクトルで $\boldsymbol{r} = (x, y, z)$ である．運動量ベクトル $\boldsymbol{p}$ は，

$$\boldsymbol{p} = \hbar \boldsymbol{k} \tag{2.34}$$

で与えられる．いま，式 (2.33) を式 (2.12) の波動方程式に代入すると，左辺は

$$\frac{\hbar^2}{2m}(k_x^2 + k_y^2 + k_z^2)\psi = \frac{|\boldsymbol{p}|^2}{2m}\psi \tag{2.35}$$

となり，波動関数の係数は質量 m の自由粒子の運動エネルギー T そのもので
ある．これは，「$-\frac{\hbar^2}{2m}\Delta$ を波動関数 ψ に演算すると，その係数として運動エネ
ルギー T が得られる」とみることができる．

　一方，右辺は，式 (2.19) からわかるように $E\psi$ となる．つまり，シュレー
ディンガー方程式は，$T = E$ というエネルギー保存則を表していると見なすこ
とができる．これが，式 (2.12) のような独特な係数をもつ形で表される理由で
ある．

2.5.1　ポテンシャルが存在する場合のシュレーディンガー方程式

　これまでは，特に粒子に働く力は考えない，いわゆる「自由空間」における
粒子のエネルギーについて考えてきた．次に，粒子に対して力が働く場合につ
いて考えてみよう．そのために，位置エネルギー（ポテンシャルとも呼ばれる）
$V(\boldsymbol{r})$ を用いると，シュレーディンガー方程式は次のように表される．

$$-\frac{\hbar^2}{2m}\Delta\psi(\boldsymbol{r}, t) + V(\boldsymbol{r})\psi(\boldsymbol{r}, t) = \mathrm{i}\hbar\frac{\partial}{\partial t}\psi(\boldsymbol{r}, t) \tag{2.36}$$

波動関数が時間に依存しない場合には，式 (2.19) の導出と同様の議論により，
次の式になる．

$$-\frac{\hbar^2}{2m}\Delta\psi(\boldsymbol{r}) + V(\boldsymbol{r})\psi(\boldsymbol{r}) = E\psi(\boldsymbol{r}) \tag{2.37}$$

先ほどの議論を参照すると，これらの式は運動エネルギーと位置エネルギーの
和が，エネルギー固有値 E に等しいという，エネルギー保存則を示しているこ
とが分かる．なお，式 (2.35) から分かるように，ポテンシャルが存在しない自
由空間における粒子は，連続したエネルギー固有値 E を解としてもつ．

2.6　波動関数に対する要請

　次の章からは，式 (2.36) や式 (2.37) のシュレーディンガー方程式を用いて，
様々な条件や力（位置エネルギー）における波動関数やエネルギー固有値を求

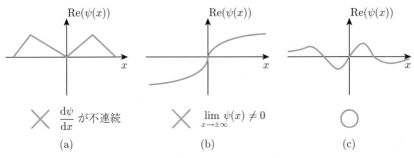

図 **2.3** 波動関数に対する要請

め,粒子の振舞いを調べていく.その際,波動関数に対して,数学的,物理的な理由から次の 3 つの要請を行う.

要請 1 波動関数自身,およびその位置 x, y, z に対する 1 階微分と 2 階微分が連続である.

要請 2 波動関数が無限遠方で 0 に漸近する.

要請 3 $V(\boldsymbol{r}) = +\infty$ のところでは $\psi(\boldsymbol{r}) = 0$.

まず,要請 1 は,2 階微分方程式であるシュレーディンガー方程式に対して,2 階微分が存在するために必要な条件である(図 **2.3 (a)**).ただし,例外として要請 3 の無限大のポテンシャル障壁における境界では,1 階微分および 2 階微分に対する連続性は要請しない.

要請 2 は,波動関数の絶対値の 2 乗が粒子の存在確率を表すが,無限遠方で波動関数が有限の値をとると,絶対値の 2 乗の空間積分が発散してしまい,物理的におかしいためである(図 **2.3 (b)**).

要請 3 は,すこし特殊な要請であるが,次章で取り組む井戸型ポテンシャルなどでは,粒子が存在できない領域を $V(\boldsymbol{r}) = +\infty$ として取り扱うことに対応した要請である.図 **2.3 (c)** に,これらの要請を満たした波動関数の例を示した.

● **2 章のまとめ** _____

この章では,ド・ブロイ波に対する一般的な波動方程式として発見された,シュレーディンガー方程式について説明した.シュレーディンガー方程式の解

が，前期量子論で見出された量子のもつ分散関係を満たすこと，また波動関数の絶対値の 2 乗が粒子の存在確率を表す（確率解釈）ことを説明した．また，1 次元周期境界条件の例題によって，エネルギー固有値が離散化（量子化）されることを調べた．また波動方程式の解を求めるにあたって，波動関数に 3 つの要請があることを見た．次章以降では，これらの要請を用いて，ある領域に閉じ込められた粒子（井戸型ポテンシャル）や，理想的なバネにつながれた粒子（調和振動子ポテンシャル）など，様々な状況下での粒子の振舞いを調べていく．

第 2 章　演習問題

演習 2.1　式 (2.14) の分散関係を導出せよ．

演習 2.2　式 (2.19) で与えられる時間に依存しないシュレーディンガー方程式を導出せよ．

演習 2.3　例題 2.1 において，粒子の存在確率の位置依存性を求めよ．

第 3 章

無限井戸型ポテンシャル

　本章からは，いよいよシュレーディンガー方程式を用いて，様々なポテンシャルにおける量子の振舞いを具体的に調べてゆく．まずとりあげる井戸型ポテンシャルは，もっとも典型的な例として大学院入試などでも頻繁に出題されるが，ディスプレイやレーザーでも実用化されている量子ドットのモデル系であり，応用上も重要である．さらに，縮退や波動関数の直交性といった，量子論の基本的な概念についても調べる．

3.1 人工的につくられた原子としての量子ドット

　量子ドットという言葉を聞かれたことがあるだろうか．これは，**人工原子**（artificial atoms）の一種である．1章でもみたように，原子の中の電子の準位は，その原子の種類に応じ決まっている．いわば，予め定められたものである．一方この人工原子では，自由にデザインした空間の中に電子を束縛することで，電子の準位を人間の手によって設計することができる．

　電子準位を自由に設計できるということは，電子がそれらの準位間を遷移する際に放出する光子の波長を制御できることを意味する．**図3.1**に，チョコボールがピーナッツの周囲をチョコでコーティングしているように，内側の半導体を異なる種類の半導体でくるんだ微粒子（コロイド量子ドット）からの発光を示した．量子ドットのサイズを変えることで，紫色（短波長）から赤色（長波長）まで，様々な色を発色できる．最近では，発色性の高いディスプレイや，温度が変化しても特性が変化しないレーザーとして実用化が急速に進んでいる．また，量子コンピュータの量子ビットを担う素子や，光子を1つずつ発生させる単一光子源としての開発も進められている．

　その原理は，日本の研究者，荒川泰彦と榊裕之によって1982年に提案された．その論文では電子が2次元的，あるいは3次元的に閉じ込められた構造でレーザーを作成した場合の温度特性が議論され，従来型のレーザーを強磁場下

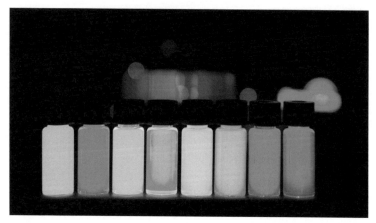

図**3.1**　量子ドットの発光．サイズの異なる量子ドットにより，紫から赤まで様々な
　　　　色を発光させることができるため，量子ドットを用いたディスプレイやレー
　　　　ザーが開発されている（ウィキメディア・コモンズより引用．カラー版はカ
　　　　バー表4に掲載）．

で用いた実験による原理検証も行われている．

　このような量子ドットのもっとも簡単なモデルが，この章で議論する**井戸型
ポテンシャル**である．

3.2　無限に高い障壁をもつ井戸型ポテンシャル

　まず最初に，1次元に束縛された電子が，図**3.2**のような無限に高い障壁を
もつ井戸型のポテンシャルにおかれた場合を考えよう．

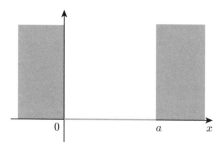

図**3.2**　無限に高い障壁をもつ井戸型ポテンシャル

例題 3.1 1 次元系において，次のようなポテンシャル $V(x)$（図 **3.2**）における粒子の波動関数と対応するエネルギーを求めよ．

$$x < 0, \quad x > a \qquad V(x) = +\infty \tag{3.1}$$

$$0 \leq x \leq a \qquad V(x) = 0 \tag{3.2}$$

[**解答**] まず，$x < 0, x > a$ の領域について考える．2.6 節でみた波動関数に対する要請 3 より，

$$x < 0, \quad x > a \qquad \psi(x) = 0 \tag{3.3}$$

次に，$0 \leq x \leq a$ の領域について考える．波動関数が連続であるという要請 1 より，次の境界条件が得られる．

$$\psi(0) = 0 \tag{3.4}$$

$$\psi(a) = 0 \tag{3.5}$$

また，1 次元のシュレーディンガー方程式は，

$$-\frac{\hbar^2}{2m_\mathrm{e}} \frac{\mathrm{d}^2}{\mathrm{d}x^2} \psi(x) = E\psi(x) \tag{3.6}$$

$E < 0$ のとき，前章の例題 2.1 で見たように，解は単調増大または単調減少となるため，式 (3.4), (3.5) を満たす解は存在しない．

$E \geq 0$ のとき，

$$k = \sqrt{\frac{2m_\mathrm{e}E}{\hbar^2}} \tag{3.7}$$

を用いて，式 (3.6) の一般解は次式で与えられる．

$$\psi(x) = A\sin kx + B\cos kx \tag{3.8}$$

ここで，式 (3.4) の境界条件より，$B = 0$ となる．さらに，式 (3.5) の境界条件を満たすのは，k が次の k_n のときに限られる．

$$k_n = \frac{\pi}{a}n, \qquad n = 1, 2, \cdots \tag{3.9}$$

次に，規格化条件を用いて係数 A を決定する．粒子は，$0 \leq x \leq a$ の領域のどこかに存在するはずなので，この場合の規格化条件は次式で与えられる．

$$\int_0^a |A\sin k_n x|^2 \, \mathrm{d}x = 1 \tag{3.10}$$

$$|A|^2 \frac{a}{2} = 1, \qquad A = \sqrt{\frac{2}{a}} \tag{3.11}$$

よって，整理すると，求める波動関数は次のようになる．

$$
\begin{aligned}
x < 0, \quad x > a \qquad &\psi_n(x) = 0 \\
0 \leq x \leq a \qquad &\psi_n(x) = \sqrt{\frac{2}{a}} \sin k_n x
\end{aligned}
\tag{3.12}
$$

$$E_n = \frac{\hbar^2 k_n^2}{2m_{\mathrm{e}}} \tag{3.13}$$

□

　ここで，この解答と 2 章の例題 2.1 の解答とを見比べてみよう．その双方で，2 階微分方程式の一般解に対して，波動関数に対する境界条件を用いて波数 k に条件が課された（量子化された）不定係数が含まれた解（波動関数）を求め，また波動関数にかかる係数については，規格化条件を用いて決定していることが分かるだろう．この流れは，この後で取り扱う，様々なポテンシャルに対して解を求める場合にも共通しているので，注意してほしい．

　では，式 (3.12) を用いて，粒子の様子を調べてみよう．**図 3.3 (a)** に，式 (3.12) をプロットした．この様子は，$x = 0$ と $x = a$ を固定端とする弦の固有振動と類似していることが分かるだろう．つまり，$n = 1$ の $\psi_1(x)$ は，両端を節として，中央に腹を 1 つもつ基本振動に対応している．また $n = 2$ の $\psi_2(x)$ は，両端と中央に節をもち，その間に腹を 2 つもつ 2 倍振動に，$n = 3$ は 3 倍振動に対応している．このような定在波のそれぞれは，**モード**（mode）と呼ばれる．

　図 3.3 (b) は，粒子が位置 x に存在する（検出される）確率である，波動関数 $\psi_n(x)$ の絶対値の 2 乗を図示したものである．$n = 1$ のとき，粒子は中央（$x = a/2$）に存在する確率が高く，両端に向かうほど存在確率が小さくなり，$x = 0$, $x = a$ では存在確率が 0 になる．また，$n = 2$ のときには，存在確率は $x = a/4, 3a/4$ の 2 個所で最大となり，逆に中央では存在確率は 0 になる．$n = 3$ の場合には，中央を含む 3 個所で，存在確率は最大となる．

　このように，無限に高い障壁をもつ井戸型ポテンシャル中の粒子の存在確率は，位置に対して一様ではない．このことは，古典力学では，粒子がこのような井戸型ポテンシャル内部に閉じ込められた場合には，エネルギー（速さ）に

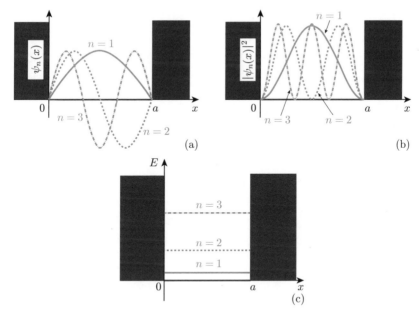

図 3.3 無限に高い障壁をもつ井戸型ポテンシャルの (a) 波動関数 (b) 粒子の存在確率 (c) エネルギー準位図

よらず存在確率は一様となることと非常に対照的である.

図 **3.3** **(c)** は，式 (3.13) で与えられるエネルギーを $n=3$ まで図示したエネルギー準位図である. 2 章の例題 2.1 と同様に，エネルギーは離散化 (量子化) されており，そのエネルギー間隔は n に比例して大きくなることが分かる. また，その間隔は，式 (3.9) と式 (3.13) から，障壁の間隔 a の 2 乗に反比例することが分かる. これが，図 **3.1** で，粒子のサイズを変えることで発光波長を変化させることができる理由である. なお，図には $n=3$ までしか示していないが，実際には，n は無限大まで無限個の固有エネルギーが存在することに注意してほしい.

また，もう 1 つ重要な特徴がある. $n=1$ のときに最低のエネルギー固有値

$$E_1 = \frac{\pi \hbar^2}{2 m_e a^2} \tag{3.14}$$

をとるが，この値がゼロより大きい有限の値をもっていることである. これを，**零点エネルギー**または**ゼロ点エネルギー** (zero point energy) と呼ぶ. 閉じ込

められている領域では，ポテンシャル $V(x) = 0$ であるため，粒子はこのエネルギーが最低の状態においても，有限の運動エネルギーをもっていることが分かる．古典力学では，粒子を冷却することで，その運動を完全に停止させることができ，運動エネルギーはゼロにすることができたことと，非常に対照的である．

3.3 波動関数の直交性

ところで，関数 $\psi(x)$ と $\phi(x)$ について，

$$\int_{-\infty}^{+\infty} \phi^*(x)\psi(x)\,\mathrm{d}x = 0 \tag{3.15}$$

の関係があるとき，$\psi(x)$ と $\phi(x)$ は**直交**（orthogonal）しているという．

また，**クロネッカーのデルタ**（Kronecker delta）と呼ばれる関数 $\delta_{m,n}$ は次のように定義される．

$$\delta_{m,n} = \begin{cases} 0 & (m \neq n) \\ 1 & (m = n) \end{cases} \tag{3.16}$$

この $\delta_{m,n}$ を用いて，式 (3.12) で与えられる波動関数について，

$$\int_{-\infty}^{+\infty} \psi_m^*(x)\psi_n(x)\,\mathrm{d}x = \delta_{m,n} \tag{3.17}$$

が成り立つことから，異なる n に属する波動関数 $\psi_n(x)$ は直交していることが分かる．なお，n が異なる場合に互いに直交する規格化された関数の集合 $\{\psi_n(x)\}$ を**規格直交系**（orthonormal system）と呼ぶ．**正規直交系**とも呼ばれる．

図 **3.3** (a) を見ると，$n = 1$ の $\psi_1(x)$ と $n = 2$ の $\psi_2(x)$ は，掛け合わせると左半分は正の値を，右半分は負の値をとり，積分すると 0 になることが直観的に見て取れるだろう．式 (3.17) が成り立つことは確認してほしい（演習問題 3.2）．

3.4 3 次元の立方体に閉じ込められた粒子

では次に，粒子が 3 次元の立方体の中に完全に閉じ込められている場合について考えてみよう．これは，この章の冒頭で述べた，量子ドットに対するモデルと考えることができる．

例題 **3.2**　式 (2.37) で与えられる 3 次元の時間に依存しないシュレーディンガー方程式について，ポテンシャル $V(x, y, z)$（図 **3.4**）が次のように与えられるとする．

$$0 \leq x, y, z \leq a \qquad V(x, y, z) = 0 \tag{3.18}$$

$$\text{それ以外} \qquad V(x, y, z) = +\infty \tag{3.19}$$

この場合の波動関数と対応するエネルギーを求めよ．

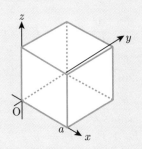

図 3.4　1 辺の長さ a の 3 次元の立方体.

[**解答**]　ここでは，数学的なテクニックである**変数分離法**を用いる．求める波動関数 $\psi(\boldsymbol{r})$ が，x のみの関数 $P(x)$，y のみの関数 $Q(y)$，および z のみの関数 $R(z)$ の積の形

$$\psi(\boldsymbol{r}) = P(x)Q(y)R(z) \tag{3.20}$$

で表すことができると「仮定」することで，個々の変数に対する常微分方程式に分離して解くという方法である．

$0 \leq x, y, z \leq a$ ではシュレーディンガー方程式は

$$-\frac{\hbar^2}{2m}\Delta\psi(\boldsymbol{r}) = E\psi(\boldsymbol{r}) \tag{3.21}$$

である．これに，式 (3.20) を代入すると，

$$-\frac{\hbar^2}{2m_{\mathrm{e}}}\left(P''QR + PQ''R + PQR''\right) = E \times PQR \tag{3.22}$$

ただし，

$$P'' = \frac{\mathrm{d}^2}{\mathrm{d}x^2}P(x) \tag{3.23}$$

の略記法を用いている．式 (3.22) の両辺を PQR で割ると，次式が得られる．

$$-\frac{\hbar^2}{2m_{\mathrm{e}}}\left(\frac{P''}{P}+\frac{Q''}{Q}+\frac{R''}{R}\right)=E \tag{3.24}$$

式 (3.24) の第 1 項の $\frac{P''}{P}$ は，x のみの関数である．同様に，第 2 項，第 3 項はそれぞれ y, z のみの関数である．この左辺が，ある数値である E に等しいことから，式 (3.24) のそれぞれの項は特定の数値に等しいことが分かる．すなわち，

$$-\frac{\hbar^2}{2m_{\mathrm{e}}}\frac{\mathrm{d}^2}{\mathrm{d}x^2}P(x)=E_x P(x) \tag{3.25}$$

$$-\frac{\hbar^2}{2m_{\mathrm{e}}}\frac{\mathrm{d}^2}{\mathrm{d}y^2}Q(y)=E_y Q(y) \tag{3.26}$$

$$-\frac{\hbar^2}{2m_{\mathrm{e}}}\frac{\mathrm{d}^2}{\mathrm{d}z^2}R(z)=E_z R(z) \tag{3.27}$$

$$E_x + E_y + E_z = E \tag{3.28}$$

式 (3.25) は，式 (3.6) と同じで，境界条件も式 (3.1), (3.2) と同じである．よって，式 (3.25) の解は次のようになる．

$$P_l(x)=\sqrt{\frac{2}{a}}\sin k_l x \tag{3.29}$$

$$E_x=\frac{\hbar^2 k_l^2}{2m_{\mathrm{e}}} \tag{3.30}$$

$$k_l=\frac{\pi}{a}l, \qquad l=1,2,\cdots \tag{3.31}$$

同様に，$Q(y), R(z)$ も次のようになる．

$$Q_m(y)=\sqrt{\frac{2}{a}}\sin k_m y \tag{3.32}$$

$$R_n(z)=\sqrt{\frac{2}{a}}\sin k_n z \tag{3.33}$$

$$E_y=\frac{\hbar^2 k_m^2}{2m_{\mathrm{e}}}, \qquad E_z=\frac{\hbar^2 k_n^2}{2m_{\mathrm{e}}} \tag{3.34}$$

$$k_m=\frac{\pi}{a}m, \quad k_n=\frac{\pi}{a}n, \qquad m,n=1,2,\cdots \tag{3.35}$$

よって求める波動関数は，式 (3.20) により次のようになる．

$$\psi_{l,m,n}(\boldsymbol{r}) = \left(\frac{2}{a}\right)^{\frac{3}{2}} \sin k_l x \sin k_m y \sin k_n z \tag{3.36}$$

$$E_{l,m,n} = \frac{\hbar^2}{2m_e}|\boldsymbol{k}_{l,m,n}|^2 \tag{3.37}$$

$$\boldsymbol{k}_{l,m,n} = (k_l, k_m, k_n) = \frac{\pi}{a}(l, m, n), \qquad l, m, n = 1, 2, \cdots \tag{3.38}$$

$\square$

なお，式 (3.36) の波動関数 $\psi_{l,m,n}(\boldsymbol{r})$ の次元が $[\mathrm{L}^{-3/2}]$ となっていること
を確認してほしい．

3.5 波動関数の縮退

ところで，式 (3.37) を見るとわかるように，l, m, n が異なる値をとってい
る，つまり波動関数は異なっているが，エネルギーが同じ値をとる場合がある．
そのような場合のことを**縮退**（degeneracy）あるいは**縮重**と呼ぶ．

たとえば，$\psi_{2,1,1}, \psi_{1,2,1}$ と $\psi_{1,1,2}$ の 3 つの波動関数について考えよう．例
として，$\psi_{2,1,1}$ と $\psi_{1,2,1}$ の状態にある粒子の存在確率分布を**図 3.5** に示した．
これから明らかなように，これら 3 つの状態は全く異なる状態である．しかし，
エネルギーは式 (3.37) から分かるように，

$$E_{2,1,1} = E_{1,2,1} = E_{1,1,2} = \frac{\hbar^2}{2m_e}\frac{6\pi^2}{a^2} \tag{3.39}$$

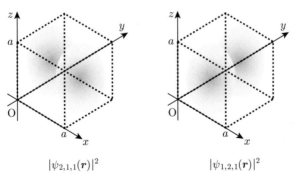

$$|\psi_{2,1,1}(\boldsymbol{r})|^2 \qquad\qquad |\psi_{1,2,1}(\boldsymbol{r})|^2$$

図 3.5 エネルギーが縮退している粒子の確率分布の例

と，同じエネルギーをもつ．このような場合を，「$\psi_{2,1,1}, \psi_{1,2,1}$ と $\psi_{1,1,2}$ は縮退している」という．また，同じエネルギーをもつ，互いに直交する波動関数の数のことを**縮退度**と呼ぶ．この例の場合，縮退度は 3 である．また，「エネルギーが $3\pi^2\hbar^2/(a^2 m_{\mathrm{e}})$ の波動関数は 3 重に縮退している」という表現も用いられる．

3.6　重ね合わせ状態と縮退

　ここで少し脇道であるが重要な概念を説明する．古典論と比較した，量子論のもっとも重要な特徴として，粒子が複数の状態に同時に存在する，**重ね合わせ状態**（superposition state）をとり得ることがある．たとえば，野球でピッチャーが投げたボールをバッターが打ち返したときに，そのボールが「レフト方向に飛んでいる状態とライト方向に飛んでいる状態を同時にとっている」ということはあり得ない．一方，量子力学的な粒子は，「まったく異なる方向に伝搬している状態を同時にとる」ということがあり得る．そのような状態を重ね合わせ状態と呼ぶ．

　これは数学的には，波動関数の線形和として表される．状態 A と状態 B に対応する波動関数をそれぞれ $\psi_{\mathrm{A}}, \psi_{\mathrm{B}}$ とすると，それらの重ね合わせ状態 ψ_{S} は次のように表される．

$$\psi_{\mathrm{S}} = \alpha\psi_{\mathrm{A}} + \beta\psi_{\mathrm{B}} \tag{3.40}$$

ここで α と β は任意の複素数で，各波動関数が規格化されている場合

$$|\alpha|^2 + |\beta|^2 = 1 \tag{3.41}$$

を満たし，また ψ_{S} の状態にある粒子を観測した場合，状態 A，状態 B として観測される確率は，それぞれ $|\alpha|^2$ と $|\beta|^2$ で与えられる．ただし，重ね合わせ状態 ψ_{S} は，状態 A，状態 B を確率的にとっているというものとは本質的に異なる点に注意してほしい．

　では，縮退の話に戻ろう．一般に，あるエネルギー E で縮退している，互いに直交する波動関数 $\psi_{\mathrm{A}}, \psi_{\mathrm{B}}$ の重ね合わせ状態 ψ_{S} も，同じエネルギー固有値 E をもつシュレーディンガー方程式の解であることを，容易に示すことができる（演習問題 3.4）．つまり，あるエネルギー固有値に縮退する波動関数が存在する場合，それらの波動関数を任意の係数で重ね合わせた，様々な波動関数を

考えることができる.

　また, 例題 3.2 では, x, y, z 方向の一辺の長さが a で等しい, 立方体型のポテンシャルを考えたが, この辺の長さがそれぞれ異なると, 縮退は生じにくくなる. 逆に, 縮退が生じている場合にも, ポテンシャルの形状が変化することで, それぞれの波動関数のエネルギー固有値が異なり, 縮退しなくなる場合がある. これを「縮退が解ける (removed)」と呼ぶ.

● **3 章のまとめ**

　この章では, 量子ドットのモデル系である, 井戸の深さが無限大の無限井戸型ポテンシャルにおける粒子の振舞いについて, 1 次元の場合および 3 次元の場合について調べた. また, 得られたシュレーディンガー方程式の解が, 異なるエネルギー固有値間では直交すること, また「縮退 (縮重)」と呼ばれる, 同じエネルギー固有値をもつ, 互いに直交する解が存在する場合があることを見た. さらに, 波動関数の重ね合わせ状態について学び, あるエネルギーで縮退している波動関数の重ね合わせ状態も, 同じエネルギー固有値をもつ波動方程式の解であることを学んだ. 次の章では, 引き続き井戸型ポテンシャルについて, 今度は井戸の深さが有限の場合を調べる.

●●●●●●●●●●●●●●●●●●●●　**第 3 章　演習問題**　●●●●●●●●●●●●●●●●●●●●

　演習 3.1　例題 3.1 で示した量子ドットのモデルについて, 青色で発光する量子ドットと赤色で発光する量子ドットはいずれのサイズがどの程度大きいか, 式 (3.13) に基づいて論じよ.

　演習 3.2　式 (3.12) で与えられる波動関数について, 式 (3.17) が成り立つことを示せ.

　演習 3.3　式 (3.37) で与えられる 3 次元無限井戸型ポテンシャルのエネルギー固有値の, 小さい方から 5 つのエネルギーについて, それぞれ縮退度を求めよ.

　演習 3.4　あるエネルギー E で縮退している互いに直交する波動関数 $\psi_{\mathrm{A}}, \psi_{\mathrm{B}}$ の重ね合わせ状態 ψ_{S} も, 同じエネルギー固有値 E をもつシュレーディンガー方程式の解であることを示せ.

第4章

有限井戸型ポテンシャル

　本章では，有限の深さの井戸型ポテンシャルにおける粒子の振舞いについて調べる．前章にくらべて，境界条件が少し変化するだけで，問題の難しさや波動関数の振舞いも大きく変化することに注目してほしい．また，波動関数のパリティ（偶奇性）などの基本的な概念や，波動関数の浸みだしという量子特有の性質についても学ぶ．

4.1　波動関数とパリティ

　有限の深さの井戸型ポテンシャルの問題を扱う前に，波動関数の**パリティ**（parity）について触れる．パリティは，**偶奇性**とも呼ばれる．周知の通り，偶関数は

$$\psi(x) = \psi(-x) \tag{4.1}$$

の性質をもち，また奇関数は

$$\psi(x) = -\psi(-x) \tag{4.2}$$

の性質をもつ．波動関数 $\psi(x)$ について，x を $-x$ に置き換えることを**空間反転**と呼ぶ．また，空間反転の際の係数をパリティと呼び，係数が $+1$ のとき，「パ

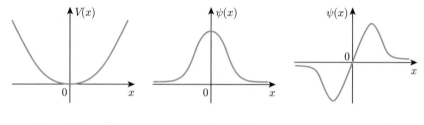

(a)　パリティ偶　　　(b)　パリティ偶　　　(c)　パリティ奇

図 4.1　ポテンシャルと波動関数の偶奇性．(a) パリティ偶のポテンシャル (b) パリティ偶の波動関数 (c) パリティ奇の波動関数

リティ偶（even）」，また -1 のとき，「パリティ奇（odd）」という（図**4.1**）.

例題 4.1 1 次元シュレーディンガー方程式

$$-\frac{\hbar^2}{2m_\mathrm{e}}\frac{\mathrm{d}^2}{\mathrm{d}x^2}\psi(x) + V(x)\psi(x) = E\psi(x) \tag{4.3}$$

において，ポテンシャル $V(x)$ が x の偶関数のとき，固有関数 $\psi(x)$ は偶関数または奇関数にとり得ることを示せ.

[**解答**]　式 (4.3) を空間反転すると次式になる.

$$-\frac{\hbar^2}{2m_\mathrm{e}}\frac{\mathrm{d}^2}{\mathrm{d}x^2}\psi(-x) + V(x)\psi(-x) = E\psi(-x) \tag{4.4}$$

ここで，$V(-x) = V(x)$ を用いた. 式 (4.3) と式 (4.4) を見比べると，$\psi(x)$ と $\psi(-x)$ はまったく同じ微分方程式の，同じ固有値 E に属する固有関数であることがわかる.

　まず，式 (4.3) の解が縮退していない，つまり独立な解が 1 つの場合を考える. このときは，任意定数を α として次の式が成り立つ.

$$\psi(x) = \alpha\psi(-x) \tag{4.5}$$

これを再度適用すると，次式が成り立つ.

$$\psi(x) = \alpha^2\psi(x) \tag{4.6}$$

$$\alpha = \pm 1 \tag{4.7}$$

すなわち，$\psi(x) = \pm\psi(-x)$ となり，固有関数 $\psi(x)$ は偶関数または奇関数である.

　次に，式 (4.3) の解が縮退している，つまり独立な解が複数存在する場合を考える. 3.6 節で学んだように，縮退するエネルギー固有値 E に属する独立した波動関数の重ね合わせ状態も，同じ固有値 E に属する解である. 波動関数 $\psi(x), \psi(-x)$ の重ね合わせ状態である次の波動関数 $\psi_\mathrm{e}, \psi_\mathrm{o}$ を考えよう.

$$\psi_\mathrm{e}(x) = \frac{\psi(x) + \psi(-x)}{\sqrt{2}} \tag{4.8}$$

$$\psi_\mathrm{o}(x) = \frac{\psi(x) - \psi(-x)}{\sqrt{2}} \tag{4.9}$$

$\psi_{\mathrm{e}}, \psi_{\mathrm{o}}$ は，シュレーディンガー方程式 (4.3) を満たす，偶関数および奇関数である．

　以上のように，エネルギー固有値 E が縮退している，縮退していないにかかわらず，ポテンシャル $V(x)$ が x の偶関数のとき，固有関数 $\psi(x)$ は偶関数または奇関数にとり得る．　　　　　　　　　　　　　　　　　　　　□

　ここで行った，エネルギー固有値 E が縮退している場合と縮退していない場合に分けて議論をする方法はよく行われるので参考にしてほしい．

4.2　有限な深さの 1 次元井戸型ポテンシャル

　それでは，1 次元に束縛された電子が，有限な高さの障壁をもつ井戸型のポテンシャルにおかれた場合を考えよう．

　例題 4.2　1 次元系において，次のようなポテンシャル $V(x)$（**図 4.2**）における粒子の，$E < V_0$ のときの固有エネルギーと固有関数を求めよ．

$$|x| \leq a \qquad V(x) = 0 \tag{4.10}$$

$$|x| > a \qquad V(x) = V_0 > 0 \tag{4.11}$$

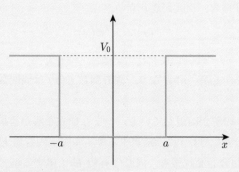

図 4.2　有限な高さの障壁をもつ 1 次元井戸型ポテンシャル

　[解答]　基本的な考え方として，$|x| > a$ の領域，および $|x| \leq a$ の領域に分けて 1 次元シュレーディンガー方程式 (4.3) の解を求め，境界条件で接続する．

　まず，$|x| > a$ の領域では $V(x) = V_0$ だから，式 (4.3) は次式になる．

$$-\frac{\hbar^2}{2m_e}\frac{d^2}{dx^2}\psi(x) + V_0\psi(x) = E\psi(x) \tag{4.12}$$

変形すると,

$$\frac{d^2}{dx^2}\psi(x) = \frac{2m_e}{\hbar^2}(V_0 - E)\psi(x) \tag{4.13}$$

となる. いま, 波数 k' を次のように定める.

$$k' = \sqrt{\frac{2m_e}{\hbar^2}(V_0 - E)} \tag{4.14}$$

この k' と, 任意定数 C を用いて, 式 (4.13) の解は次のように求まる.

$$\psi(x) = C\exp(\pm k'x) \tag{4.15}$$

$x > a$ の領域においては, 2.6 節で説明した波動関数に対する要請 2 により, $\lim_{x\to\infty}\psi(x) = 0$ の条件から次の解が得られる.

$$\psi(x) = C_1\exp(-k'x) \tag{4.16}$$

同様に, $x < -a$ の領域においても, 波動関数に対する要請 2 による $\lim_{x\to-\infty}\psi(x) = 0$ の条件から次の解が得られる.

$$\psi(x) = C_2\exp(+k'x) \tag{4.17}$$

また, 前節で見たように, ポテンシャル $V(x)$ が x の偶関数のとき, 固有関数 $\psi(x)$ は偶関数または奇関数にとり得るから, 次のいずれかが成り立つ.

$$C_2 = +C_1 \qquad \text{パリティ偶} \tag{4.18}$$
$$C_2 = -C_1 \qquad \text{パリティ奇} \tag{4.19}$$

次に, $|x| \leq a$ の領域について考える. この領域では $V(x) = 0$ だから, 式 (4.3) は次式になる.

$$-\frac{\hbar^2}{2m_e}\frac{d^2}{dx^2}\psi(x) = E\psi(x) \tag{4.20}$$

波数 k'' を次のように定める.

$$k'' = \sqrt{\frac{2m_e}{\hbar^2}E} \tag{4.21}$$

先ほどと同様に, ポテンシャル $V(x)$ が x の偶関数のとき, 固有関数 $\psi(x)$ は偶関数または奇関数にとり得るから, 次のいずれかが式 (4.20) の解となる.

$$\psi(x) = A\cos k''x \qquad \text{パリティ偶} \tag{4.22}$$

$$\psi(x) = A\sin k''x \qquad \text{パリティ奇} \tag{4.23}$$

4.2.1 波動関数のパリティが偶の場合

ここからは，パリティが偶の場合と奇の場合に分けて考えよう．まず，パリティが偶の場合について，得られた解をまとめると次のようになる．

$$x > a \qquad \psi(x) = C\exp(-k'x) \tag{4.24}$$

$$x < -a \qquad \psi(x) = C\exp(+k'x) \tag{4.25}$$

$$|x| \le a \qquad \psi(x) = A\cos k''x \tag{4.26}$$

図 4.3 にそれぞれの領域における波動関数の例を示した．波動関数は，$x < -a$ の領域，および $x > +a$ の領域では無限大で 0 に漸近し，中央の $|x| \le a$ の領域では，余弦関数として振動している．

ここで，2.6 節で説明した波動関数に対する要請 1 を用いる．すなわち，$x = a$ において $\psi(x)$ とその微分が連続という条件から，次の式が得られる．

$$A\cos(k''a) = C\exp(-k'a) \tag{4.27}$$

$$Ak''\sin(k''a) = k'C\exp(-k'a) \tag{4.28}$$

$$= k'A\cos(k''a) \tag{4.29}$$

ここで，式 (4.29) への変形には，式 (4.27) を用いた．式 (4.29) より，次式が得られる．

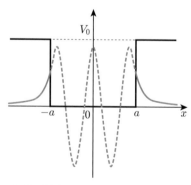

図 4.3 パリティが偶の場合の，それぞれの領域における波動関数の例

$$k' = k'' \tan(k''a) \tag{4.30}$$

いま，波数 k'' および k' に，井戸幅の半分の値 a を掛けた変数 α, β を導入する．

$$\begin{aligned} \alpha &= ak'', \\ \beta &= ak' \end{aligned} \tag{4.31}$$

すると，式 (4.30) は次のような簡潔な形になる．

$$\beta = \alpha \tan \alpha \tag{4.32}$$

また，式 (4.14), (4.21), (4.31) より，α と β には

$$\alpha^2 + \beta^2 = \frac{2m_{\mathrm{e}}a^2V_0}{\hbar^2} \tag{4.33}$$

という条件が存在する．

式 (4.32) と式 (4.33) を，それぞれ実線と破線でプロットしたのが図 **4.4** である．式 (4.33) は円を表す方程式で，その半径は，井戸幅 a，およびポテンシャル障壁の高さ V_0 の平方根に比例する．図 **4.4** ではこの半径について 2 つの例をプロットしており，これらの交点の α, β が，パリティが偶の場合の解となる．

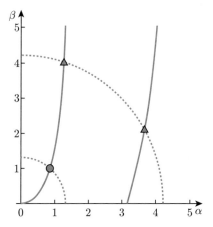

図 **4.4** パリティが偶の場合について，α と β が満たすべき条件

4.2.2　波動関数のパリティが奇の場合

同様にして，パリティが奇の場合について調べよう．まず，パリティが奇の場合について，得られた解をまとめると次のようになる．

$$x > a \qquad \psi(x) = C \exp(-k'x) \tag{4.34}$$

$$x < -a \qquad \psi(x) = -C \exp(+k'x) \tag{4.35}$$

$$|x| \leq a \qquad \psi(x) = B \sin k''x \tag{4.36}$$

図 **4.5** にそれぞれの領域における波動関数の例を示した．波動関数は，$x < -a$ の領域，および $x > +a$ の領域で無限大で 0 に漸近するが，互いに符号は逆になっている．また中央の $|x| \leq a$ の領域では，正弦関数として振動しており，全体として原点対称の形状をしている．

ここで，先ほどと同じく波動関数に対する要請 1，すなわち，$x = a$ において $\psi(x)$ とその微分が連続という条件から，次の式が得られる．

$$B \sin(k''a) = C \exp(-k'a) \tag{4.37}$$

$$Bk'' \cos(k''a) = -k'C \exp(-k'a) \tag{4.38}$$

$$= -k'B \sin(k''a) \tag{4.39}$$

先ほどと同様に，式 (4.39) への変形には，式 (4.37) を用いた．式 (4.39) より，次式が得られる．

$$k' = -k'' \cot(k''a) \tag{4.40}$$

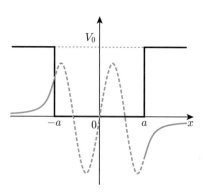

図 4.5　パリティが奇の場合の，それぞれの領域における波動関数の例

式 (4.31) で定義した α, β を用いると，式 (4.40) は

$$\beta = -\alpha \cot \alpha \tag{4.41}$$

となる．この式 (4.41) と，式 (4.33) の交点が求める α, β となる．

4.2.3 有限の高さの障壁をもつ井戸型ポテンシャルの解

図 **4.6** は，パリティが偶の場合の図 **4.4** に，パリティが奇の場合の式 (4.41) も合わせてプロットしたものである．これらの交点の α, β がシュレーディンガー方程式の解であり，その交わる曲線が式 (4.32) か式 (4.41) かによって，波動関数は偶または奇のパリティをもつ．

式 (4.21) から，エネルギー固有値 E は次のように表される．

$$E = \frac{\hbar^2}{2m_{\mathrm{e}}a^2}\alpha^2 \tag{4.42}$$

また，式 (4.33) より，ポテンシャル障壁の高さ V_0 は次のように表される．

$$V_0 = \frac{\hbar^2}{2m_{\mathrm{e}}a^2}(\alpha^2 + \beta^2) \tag{4.43}$$

これらと図 **4.6** から，次のことが分かる．

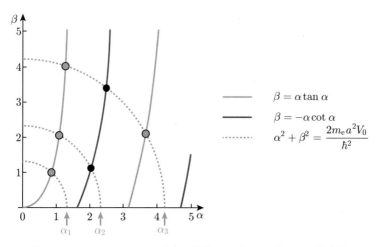

図 **4.6** パリティが偶および奇の場合で α と β が満たすべき条件

- $V_0 > 0$ であれば，<u>必ず1つは $E < V_0$ の束縛解をもつ</u>.
- ポテンシャル障壁の高さ V_0 が大きくなると，解の数は，1個，2個，3個と増えていく.
- もっともエネルギーの小さい解は偶関数，その次は奇関数，次は偶関数と，波動関数のパリティは交互に入れ替わる.

ここで，$\alpha = ak''$ より，α/π が井戸内部での波動関数の「波の数」に対応していることに注意しつつ，図 **4.6** をもう少し詳しく見てみよう.

図 **4.6** で，破線の円の α 軸との交点 α_1 が約 1.3 の場合，つまり $V_0 = \hbar^2\alpha_1^2/(2m_e a^2)$ の場合は，式 (4.33) で表される円は，その半径が小さいために，式 (4.32) との交点を1つしかもたず，式 (4.41) とは交点をもたない. つまり，$E < V_0$ の条件のもとでは，パリティ偶の解を1つだけもつ. このときの波動関数の形状としては，3章の図 **3.3 (a)** の $n = 1$ の場合に似ているが，井戸の両側に浸みだしていることが異なる. この浸みだしについては次節で詳しく検討する.

次に，破線の円の α 軸との交点が α_2（約 2.15）の場合には，α が約 1.1 程度のところで式 (4.32) と交差，つまりパリティ偶の解をもち，次に α が約 2 のところで式 (4.41) と交差，つまりパリティ奇の解をもつ. $E < V_0$ を満たす解の数は合計 2 である.

同様に，破線の円の α 軸との交点が α_3（約 4.1）の場合には，式 (4.32) と 2 個所で，式 (4.41) と 1 個所で交差する. つまり，パリティ偶の解を2つ，パリティ奇の解を1つもつ. それらの波動関数の形状は，3章の図 **3.3 (a)** の $n = 1, 2, 3$ の場合に似ているが，井戸の両側に浸みだしていることが異なる.

ポテンシャル障壁の高さが無限大（$V_0 \to \infty$）のときは，破線の円の半径が無限大の場合に相当する. このとき，エネルギーが低い順にパリティ偶，奇の解が交互に，無限個の解が存在することがわかる. これは，前章の結果と一致している. □

4.3 波動関数の浸みだし

先ほども述べたように，有限の障壁高さの井戸型ポテンシャルの場合，$E <$ V_0 のエネルギー固有値をもつ波動関数が，ポテンシャルエネルギーが V_0 である井戸の外側にも浸みだしている（**図4.7**）．波動関数の振幅の絶対値の2乗が粒子の存在確率を表すので，粒子のもつエネルギー E よりも大きなポテンシャルエネルギーの位置にも，粒子が存在し得ることを意味している．

これは，古典力学では許されない状況である．いま，お椀状のポテンシャルが存在する場合を考えよう．お椀の縁よりも下の高さからボールを転がすと，摩擦を無視できる場合，反対側の同じ高さのところに到達しまた戻ってくるという往復運動を繰り返し，開始位置よりも高い場所に存在することはない．つまり，粒子が存在できるのは，そのポテンシャルエネルギーの高さが粒子のもつエネルギー E よりも小さい領域のみであり，そのエネルギー E より大きなポテンシャルエネルギーの位置に存在することはあり得ない．

この波動関数の**浸みだし**は，量子力学の大きな特徴である．さらに顕著な例としての「**トンネル効果**」については，この後の7章で学ぶ．

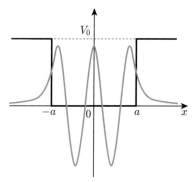

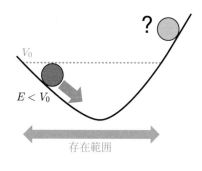

量子の場合，自身のエネルギー E より高いポテンシャル V_0 の位置にも，有限の存在確率をもつ（波動関数の浸みだし）．

古典的な粒子の場合，自身のもつエネルギー E より高いポテンシャル V_0 の位置に存在することはあり得ない．

図4.7　波動関数の浸みだし

● **4章のまとめ** ━━━━━━━━━━━━━━━━━━━━━━━━━━━━

　この章では，有限の深さの井戸型ポテンシャルにおける粒子の振舞いについて調べた．ポテンシャル高さが一定な領域に分割して考え，その領域の境界部分で波動関数とその微分の連続性を用いて解を求める方法は，後の7章でみるトンネル効果の解析や，本書では取り扱わないが周期的なポテンシャルの場合などにも共通して用いられる方法である．また，偶関数のポテンシャルの場合には，波動関数のパリティに注目することで問題を簡素化できることも学んだ．次章では，もう1つの重要なポテンシャルである「調和振動子」について調べる．

━━

第4章　演習問題

　演習4.1　エネルギー固有値の大きさの順に，パリティ偶，奇の解が交互に現れる理由について定性的に考察せよ．

第5章

調和振動子ポテンシャル

　本章では，調和振動子ポテンシャルにおける粒子の振舞いについて調べる．理想的なバネにつながれた粒子に対応する調和振動子ポテンシャルは，実際の物理系でもっとも基本的な振動のモデルとしてよく現れるとともに，場の量子論における電磁波の振動の量子化などとも関係するなど，非常に重要である．エルミート多項式など数学的にテクニカルで難解な部分もあるが，数学的にテクニカルな部分と，物理の本質的な部分の区別を意識しつつ，頑張って学習してほしい．

5.1　調和振動子とその重要性

　図 **5.1** に，**調和振動子**（harmonic oscillator）の例を示した．1 次元調和振動子とは，変位に比例した復元力が働く状況で直線状に束縛された物体の運動であり，高校の物理でも取り上げられる基本的な力学系の 1 つである．いま，物体の質量を m_e，バネ定数を $m_\mathrm{e}\omega^2$ とすると，対応するポテンシャルは**調和振動子ポテンシャル**と呼ばれ，次式で与えられる．

$$V(x) = \frac{1}{2}m_\mathrm{e}\omega^2 x^2 \tag{5.1}$$

物体に働く力は，

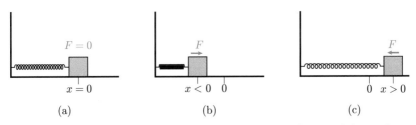

(a)　　　　　　　　(b)　　　　　　　　(c)

図 5.1　1 次元調和振動子の例．摩擦のない床に置かれた物体が，理想的なバネにつながれており，平衡位置 $x = 0$ を中心に振動している．

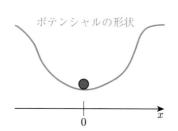

$$V(x) = \sum_{k=0}^{\infty} \frac{V^{(n)}(0)}{k!} x^k$$

$k = 0$：力に関係しない

$k = 1$：振動中心の変位

$k \geq 3$：$x \ll 1$ のとき無視できる

図 5.2　典型的なポテンシャルの形状．変位が小さい部分では，調和振動子のポテンシャルで近似できる．

$$F = -\frac{\mathrm{d}V(x)}{\mathrm{d}x} = -m_\mathrm{e}\omega^2 x \tag{5.2}$$

となり，ニュートンの運動方程式は

$$m_\mathrm{e}\frac{\mathrm{d}^2 x}{\mathrm{d}t^2} = -m_\mathrm{e}\omega^2 x \tag{5.3}$$

となる．これを解くと，次式が得られる．

$$x = A\sin\omega t \tag{5.4}$$

これはいわゆる単振動の解であり，その角振動数 ω および周期 $T = 2\pi/\omega$ は，振動の振幅の大きさ A に無関係という特徴をもつ．

　この調和振動子は，実際の物理系でももっとも基本的な振動のモデルとしてよく現れる．たとえば，いま対象とする粒子が，**図 5.2** のような少し複雑な形状のポテンシャル $V(x)$ に存在している場合を考えよう．この $V(x)$ を x について $x = 0$ で級数展開すると，次のようになる．

$$V(x) = \sum_{k=0}^{\infty} \frac{V^{(n)}(0)}{k!} x^k \tag{5.5}$$

ここで，$k = 0$ の項は定数項であり，ポテンシャルを微分して得られる「力」には関係しない．$k = 1$ の項は変位 x と無関係に働く一定の力に対応し，振動の中心位置が変化するのみである．また，$k \geq 3$ の項は，$|x| \ll 1$ のときには $k = 2$ の項にくらべて無視することができる．このように，変位の小さい微小振動は，調和振動で近似することができる．

　この調和振動子モデルは，近年急速に進展している量子技術においても重要で

ある．たとえば，**量子コンピュータ**の実装方式の1つに，**イオントラップ**（ion trap）がある．これは，電極に交流電圧を印加することで，擬似的に3次元的な引力ポテンシャルをつくりだし，単一のイオンを空間中の1点に閉じ込めるという技術である．単一のイオンを用いた，非常に精度の高い原子時計の研究の他，1つ1つのイオンを**量子ビット**（quantum bit, qubit）として用いる量子コンピュータの研究が進められている．その際のイオンは振動変位が小さい場合，調和振動子ポテンシャル中のシュレーディンガー方程式に従った振舞いをする．

また，本書で学ぶ量子力学の発展した理論として，電磁場などの量子化に関する**場の量子論**（quantum field theory）がある．その中では，電磁場も，電場と磁場による調和振動子の集合として取り扱われ，そのエネルギーの最小単位が，1章で学んだ**光量子**または**光子**である．他にも，物性物理学や半導体工学では重要な概念である，物質内部の原子や分子の集団振動を量子化した**フォノン**（phonon）などが応用の例としてあげられる．

5.2　1次元調和振動子ポテンシャルの シュレーディンガー方程式

では，いよいよ調和振動子ポテンシャル中の粒子について，シュレーディンガー方程式を解く．これまで学習した井戸型ポテンシャルに比べると，数学的なテクニックの点で難易度が高い．ただし，行っていることは，波動関数に関する2階微分方程式を，2.6節で説明した波動関数に対する要請にもとづいて解くこと，つまりエネルギー固有値と対応する波動関数を求めることには変わりがないので，頑張ってほしい．

例題 5.1　1次元系において，式 (5.1) で与えられる $V(x)$（**図 5.3**）における粒子の，固有エネルギーと固有関数を求めよ．

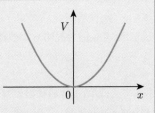

図 5.3　1次元調和振動子 ポテンシャル

[**解答**]　1 次元のシュレーディンガー方程式

$$-\frac{\hbar^2}{2m_e}\frac{\mathrm{d}^2}{\mathrm{d}x^2}\psi(x) + V(x)\psi(x) = E\psi(x) \tag{5.6}$$

に，式 (5.1) を代入すると次式が得られる．

$$\left(-\frac{\hbar^2}{2m_e}\frac{\mathrm{d}^2}{\mathrm{d}x^2} + \frac{1}{2}m_e\omega^2 x^2\right)\psi(x) = E\psi(x) \tag{5.7}$$

この 2 階微分方程式を解くために，まず変数変換を行う．いま，無次元の変数 ξ（グザイもしくはクシーと発音する）と λ，および関数 $f(\xi)$ を次のように定義する．

$$x = \sqrt{\frac{\hbar}{m_e\omega}}\,\xi \tag{5.8}$$

$$\psi(x) = f(\xi) \tag{5.9}$$

$$E = \frac{\hbar\omega}{2}\lambda \tag{5.10}$$

すると，式 (5.7) は次のシンプルな式へと変形できる（演習問題 5.1）．

$$\left(-\frac{\mathrm{d}^2}{\mathrm{d}\xi^2} + \xi^2\right)f(\xi) = \lambda f(\xi) \tag{5.11}$$

まず，$\xi \to \infty$ の場合について考えよう．このとき $\xi^2 \gg \lambda$ なので，式 (5.11) は次のように近似できる．

$$\frac{\mathrm{d}^2}{\mathrm{d}\xi^2}f = \xi^2 f \tag{5.12}$$

よって，$\xi \to \infty$ の漸近解は次のようになる（演習問題 5.2）．

$$f = A\exp\left(\pm\frac{\xi^2}{2}\right) \tag{5.13}$$

ここで，2.6 節で説明した波動関数に対する要請 2 より，次の条件が課される．

$$\lim_{\xi \to \pm\infty} f(\xi) = 0 \tag{5.14}$$

よって，式 (5.13) の係数がプラスの場合は不適となり，結局 $\xi \to \infty$ の漸近解は次のようになる．

$$f = A\exp\left(-\frac{\xi^2}{2}\right) \tag{5.15}$$

次に，もう1つ数学的なテクニックを用いる．いま，関数 $f(\xi)$ が，式 (5.15) の漸近解に，関数 $u(\xi)$ がかかった形で表せると仮定する．

$$f(\xi) = u(\xi) \exp\left(-\frac{\xi^2}{2}\right) \tag{5.16}$$

この式を式 (5.11) に代入すると，次のようになる．

$$u'' \exp\left(-\frac{\xi^2}{2}\right) - 2u'\xi \exp\left(-\frac{\xi^2}{2}\right) + u\left(\xi^2 \exp\left(-\frac{\xi^2}{2}\right) - \exp\left(-\frac{\xi^2}{2}\right)\right)$$

$$= (\xi^2 - \lambda)u \exp\left(-\frac{\xi^2}{2}\right) \tag{5.17}$$

ここで，次のようにおいた．

$$u'' = \frac{\mathrm{d}^2}{\mathrm{d}\xi^2}u, \qquad u' = \frac{\mathrm{d}}{\mathrm{d}\xi}u$$

式 (5.17) より，$u(\xi)$ に関する次の微分方程式が得られる．

$$u'' - 2\xi u' + (\lambda - 1)u = 0 \tag{5.18}$$

この微分方程式を解いて $u(\xi)$ が求まれば，関数 $f(\xi)$ が求まり，波動関数 $\psi(x)$ が分かる．

いま，$u(\xi)$ を級数展開して考える．つまり，

$$u(\xi) = \sum_{s=0}^{\infty} c_s \xi^s \tag{5.19}$$

と表し，以下，この係数 c_s を求めていく．

式 (5.19) より，u', u'' は次のように表される．

$$u' = \sum_{s=0}^{\infty} s c_s \xi^{s-1} \tag{5.20}$$

$$u'' = \sum_{s=0}^{\infty} s(s-1) c_s \xi^{s-2} \tag{5.21}$$

式 (5.19), (5.20), (5.21) を式 (5.18) に代入すると，次の式が得られる．

$$\sum_{s=0}^{\infty} s(s-1) c_s \xi^{s-2} - \sum_{s=0}^{\infty} (2s - \lambda + 1) c_s \xi^s = 0 \tag{5.22}$$

この式が，任意の ξ に対して成り立つことから，次の式が得られる．

$$(s+1)(s+2)c_{s+2} - (2s - \lambda + 1)c_s = 0 \tag{5.23}$$

よって，c_{s+2} と c_s の間に次の関係があることが分かる．

$$c_{s+2} = \frac{(2s - \lambda + 1)}{(s+1)(s+2)}c_s \tag{5.24}$$

ここから，s を偶数，奇数に分けて考えよう．まず，s が偶数のとき，c_0 が与えられると，c_2, c_4, c_6 は式 (5.24) から次のように求まる．

$$c_2 = \frac{(1-\lambda)}{1 \times 2}c_0 \tag{5.25}$$

$$c_4 = \frac{(5-\lambda)}{3 \times 4}c_2 = \frac{(1-\lambda)(5-\lambda)}{4!}c_0 \tag{5.26}$$

$$c_6 = \frac{(1-\lambda)(5-\lambda)(9-\lambda)}{6!}c_0 \tag{5.27}$$

同様に，s が奇数のとき，c_1 が与えられると，c_3, c_5 は式 (5.24) から次のように求まる．

$$c_3 = \frac{(3-\lambda)}{2 \times 3}c_1 \tag{5.28}$$

$$c_5 = \frac{(3-\lambda)(7-\lambda)}{5!}c_1 \tag{5.29}$$

いま，$u(\xi)$ を偶関数部分 $u_e(\xi)$ と奇関数部分 $u_o(\xi)$ の和に分けて

$$u(\xi) = c_0 u_e(\xi) + c_1 u_o(\xi) \tag{5.30}$$

と表すと，式 (5.25)–(5.29) より次のように表される．

$$u_e(\xi) = 1 + \frac{(1-\lambda)}{2!}\xi^2 + \frac{(1-\lambda)(5-\lambda)}{4!}\xi^4 + \cdots \tag{5.31}$$

$$u_o(\xi) = \xi + \frac{(3-\lambda)}{3!}\xi^3 + \frac{(3-\lambda)(7-\lambda)}{5!}\xi^5 + \cdots \tag{5.32}$$

式 (5.31) と式 (5.32) をよく見ると，

$$\lambda = 2n + 1, \qquad n = 0, 1, 2, \cdots \tag{5.33}$$

のとき，$c_{n+2}, c_{n+4}, \cdots$ はすべて 0 となり，$u_e(\xi)$ もしくは $u_o(\xi)$ のいずれか一方は有限級数になることが分かる．

ところで，式 (5.16) で仮定したように，波動関数 $f(\xi)$ が $u(\xi)$ と $\exp(-\xi^2/2)$ の積で表されているとき，$u(\xi)$ が ξ の無限級数の場合，$\xi \to \infty$ で $f(\xi)$ は発散

してしまう（演習問題 5.3）．この場合，波動関数に対する要請 2 の，無限遠で波動関数が 0 に漸近するという，式 (5.14) を満たさないことになってしまう．

一方で，式 (5.33) が成り立つときは，先ほど見たように，$u_e(\xi)$ もしくは $u_o(\xi)$ のいずれか一方は有限級数になる．たとえば，$n = 4$，$\lambda = 9$ のとき，$u_e(\xi)$ が有限級数，$u_o(\xi)$ が無限級数となるが，無限級数となっている $u_o(\xi)$ にかかる係数 c_1 を 0 とすることで，$u(\xi)$ を有限級数とすることができ，条件式 (5.14) を満たす波動関数 $f(\xi)$ を得ることができる．

まとめると，波動関数が無限遠で 0 に漸近するという条件式 (5.14) を満たすのは，式 (5.33) が成り立つとき，つまり λ が奇数の場合に限られる．

式 (5.33) のそれぞれの n に対応する $u_n(\xi)$ を，式 (5.30)–(5.32) を用いて求めることができる．$n = 0$ から $n = 3$ までについて表すと次のようになる．

$$u_0 = c_0 \tag{5.34}$$

$$u_1 = c_1 \xi \tag{5.35}$$

$$u_2 = c_0(1 - 2\xi^2) \tag{5.36}$$

$$u_3 = c_1\left(\xi - \frac{2}{3}\xi^3\right) \tag{5.37}$$

よって，固有関数は式 (5.16) より次のように求まる．

$$f_0 = a_0 \exp\left(-\frac{\xi^2}{2}\right) \tag{5.38}$$

$$f_1 = a_1 \xi \exp\left(-\frac{\xi^2}{2}\right) \tag{5.39}$$

$$f_2 = a_2(1 - 2\xi^2) \exp\left(-\frac{\xi^2}{2}\right) \tag{5.40}$$

$$f_3 = a_3\left(\xi - \frac{2}{3}\xi^3\right) \exp\left(-\frac{\xi^2}{2}\right) \tag{5.41}$$

ここで，a_n は，それぞれの波動関数の規格化により決定できる定数である．この規格化については，このあとの 5.4 節で説明する．

また，式 (5.33) と式 (5.10) からエネルギー固有値 E は次のように求まる．

$$E = \frac{\hbar\omega}{2}\lambda = \left(n + \frac{1}{2}\right)\hbar\omega \tag{5.42}$$

$\square$

1次元調和振動子の固有値と固有関数

　例題 5.2 で求まったエネルギー固有値 E を図 **5.4** に図示した．重要な特徴
の1つ目は，もっともエネルギーの小さい，**基底状態**（ground state）のエネ
ルギーが0ではないことである．この最小エネルギー $E = \hbar\omega/2$ は，**零点エネ
ルギー**（zero-point energy）と呼ばれる．

　2つ目の特徴は，エネルギー準位間隔が $\hbar\omega$ で完全に等しいことである．

　では次に，1次元調和振動子の固有関数について調べてみよう．基底状態の
波動関数 $f_0(\xi)$ は，**ガウス関数**（Gaussian function）になっている．また，そ
の他の固有関数もガウス関数のエンベロープをもつことも大きな特徴である．
他に，$f_n(\xi)$ は n が偶数か奇数かに応じて，パリティ偶または奇になっている
こと，n 個の節をもつことも分かる（図 **5.5**）．

　また，n が大きくなるほど中心から離れた部分の振幅が大きくなることも特
徴となっている．$n = 3$ まででではまだ少し分かりにくいが，$n = 2$ の固有関数と
$n = 3$ の固有関数で振幅の様子を比較すると，その傾向がすこし見られている．
このことについては，5.5 節の古典的な調和振動子との対比で詳しく説明する．

　このように，1次元調和振動子ポテンシャル中の粒子の波動関数と固有エネ
ルギーを求めることができた．まだ決定できていない式 (5.38)–式 (5.41) の係
数に関しても，規格化条件

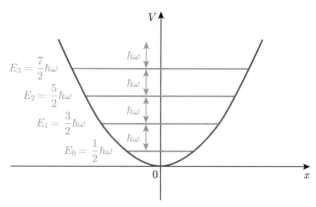

図 **5.4**　1次元調和振動子のエネルギー固有値

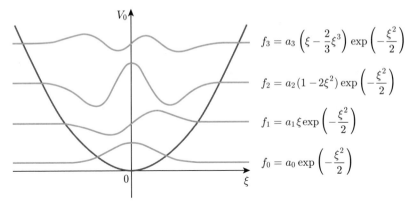

$$f_3 = a_3 \left(\xi - \frac{2}{3}\xi^3 \right) \exp\left(-\frac{\xi^2}{2} \right)$$

$$f_2 = a_2 (1 - 2\xi^2) \exp\left(-\frac{\xi^2}{2} \right)$$

$$f_1 = a_1 \xi \exp\left(-\frac{\xi^2}{2} \right)$$

$$f_0 = a_0 \exp\left(-\frac{\xi^2}{2} \right)$$

図 5.5 1 次元調和振動子の固有関数

$$\int_{-\infty}^{\infty} |\psi(x)|^2 \, \mathrm{d}x = 1,$$

すなわち

$$\int_{-\infty}^{\infty} |f_n(\xi)|^2 \, \mathrm{d}\xi = \sqrt{\frac{m_\mathrm{e}\omega}{\hbar}}$$

から求めることもできるが，煩雑である．そこで，エルミート多項式と呼ばれる便利な数学のツールを用いて取り組んでみよう．

5.4 エルミート多項式

調和振動子の波動関数の**規格化**や**直交性**を調べるには，**エルミート多項式** （Hermitian polynomial）という数学のツールを用いるのが便利である．

エルミート多項式 $H_n(\xi)$ は，**母関数**（generating function）

$$S(\xi, t) = \exp(-t^2 + 2\xi t) \tag{5.43}$$

を用いると，

$$S(\xi, t) = \sum_{n=0}^{\infty} \frac{H_n(\xi)}{n!} t^n \tag{5.44}$$

と表すことができる ξ に関する多項式として定義される．

イメージをもってもらうために，H_n の例をいくつか示そう．

$$H_0(\xi) = 1 \tag{5.45}$$

$$H_1(\xi) = 2\xi \tag{5.46}$$

$$H_2(\xi) = 4\xi^2 - 2 \tag{5.47}$$

$$H_3(\xi) = 8\xi^3 - 12\xi \tag{5.48}$$

ここで，式 (5.34)–式 (5.37) との類似性に注意してほしい．

ところで，5.2 節の $u(\xi)$ が満たす微分方程式 (5.18) に，$\xi \to \pm\infty$ における波動関数に対する要請 2 から得られた λ に関する条件式 (5.33) を代入すると，次の微分方程式が得られる．

$$u'' - 2\xi u' + 2nu = 0 \tag{5.49}$$

次の例題で見るように，この微分方程式の解がエルミート多項式で与えられる．

例題 5.2　エルミート多項式 $H_n(\xi)$ は，微分方程式 (5.49) の解であることを示せ．

[解答]　式 (5.43) を ξ で偏微分すると次の式が得られる．

$$\frac{\partial S(\xi, t)}{\partial \xi} = 2t \exp(-t^2 + 2\xi t)$$

$$= 2 \sum_{n=0}^{\infty} \frac{H_n(\xi)}{n!} t^{n+1} \tag{5.50}$$

最後の変形には式 (5.44) を用いた．また，式 (5.44) を ξ で偏微分すると次の式が得られる．

$$\frac{\partial S(\xi, t)}{\partial \xi} = \sum_{n=0}^{\infty} \frac{H_n'(\xi)}{n!} t^n \tag{5.51}$$

式 (5.50) と式 (5.51) の，t^n の係数を比較すると次式が得られる．

$$H_n'(\xi) = 2n H_{n-1}(\xi) \tag{5.52}$$

次に，式 (5.43) を t で偏微分すると次の式が得られる．

$$\frac{\partial S(\xi, t)}{\partial t} = (-2t + 2\xi) \exp(-t^2 + 2\xi t)$$

$$= \sum_{n=0}^{\infty} \frac{(-2t + 2\xi) H_n(\xi)}{n!} t^n \tag{5.53}$$

また，式 (5.44) を t で偏微分すると次の式が得られる．

$$\frac{\partial S(\xi,t)}{\partial t} = \sum_{n=0}^{\infty} \frac{H_n(\xi)}{(n-1)!} t^{n-1} \tag{5.54}$$

先ほどと同様に，式 (5.53) と式 (5.54) の t^n の係数を比較すると次式が得られる．

$$H_{n+1}(\xi) = 2\xi H_n(\xi) - 2nH_{n-1}(\xi) \tag{5.55}$$

式 (5.55) を，ξ で微分すると次式が得られる．

$$H'_{n+1} = 2H_n + 2\xi H'_n - 2nH'_{n-1} \tag{5.56}$$

式 (5.56) の左辺と，右辺の最後の項に，式 (5.52) を適用し整理すると，

$$2(n+1)H_n = 2H_n + 2\xi H'_n - H''_n$$
$$H''_n - 2\xi H'_n + 2nH_n = 0 \tag{5.57}$$

この微分方程式は，式 (5.49) と一致している．よって，$H_n(\xi)$ は微分方程式 (5.49) の解である． $\qquad\qquad\square$

次に，エルミート多項式 $H_n(\xi)$ の性質を見てみよう．

$$\int_{-\infty}^{+\infty} H_m(\xi)H_n(\xi)\exp(-\xi^2)\,\mathrm{d}\xi = \begin{cases} 2^n n!\sqrt{\pi} & (m=n) \\ 0 & (m \neq n) \end{cases} \tag{5.58}$$

この性質を用いると，規格化された調和振動子の波動関数 $\psi(x)$ は次のように求まる．

$$\psi_n(x) = \left(\frac{1}{2^n n!\sqrt{\pi}}\right)^{\frac{1}{2}} \left(\frac{m_e\omega}{\hbar}\right)^{\frac{1}{4}} H_n(\xi)\exp\left(-\frac{\xi^2}{2}\right) \tag{5.59}$$

また，この 1 次元調和振動子の固有関数 $\{\psi_n(x)\}$ は，**規格直交系**を構成している．すなわち，

$$\int_{-\infty}^{+\infty} \psi_m^*(x)\psi_n(x)\,\mathrm{d}x = \delta_{m,n} \tag{5.60}$$

古典的な調和振動子との比較

図 **5.5** の調和振動子の波動関数をみせられて,「調和振動子」といわれても なんだかピンとこないかもしれない. ここで, 古典的な調和振動子と量子力学 的な調和振動子の, 粒子の存在確率について比較をしてみよう.

まず, 古典的な調和振動子では, 物体の位置の時間依存性の式 (5.4) から, 速 度 v と速さ $|v|$ は次のようになる.

$$v = A\omega \cos \omega t$$
$$|v| = \omega\sqrt{A^2 - x^2} \tag{5.61}$$

質点の各位置での存在確率 $p(x)$ は速さに反比例するため, 次のように与えら れる.

$$p(x) \propto \frac{1}{\omega\sqrt{A^2 - x^2}} \tag{5.62}$$

式 (5.62) をプロットしたのが図 **5.6** である. 調和振動子は, 振動の中心であ る $x = 0$ で速さが最大となり, その振動の両端で速さが 0 となる. このため, 存在確率は振動の中心で小さく, 両端で大きくなっていることが分かる.

では次に, 量子力学的な調和振動子の粒子の存在確率について調べてみよう. 図 **5.7 (a)** は, 式 (5.59) から求まる, $n = 50$ の波動関数 $\psi_{50}(x)$ をプロット したものである. 粒子の存在確率はその絶対値の 2 乗で求まり, 図 **5.7 (b)** の ようになる. 粒子が存在しない点を含み, まるで櫛のような分布となっている

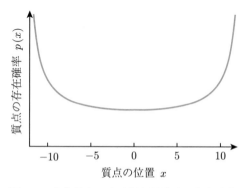

図 **5.6** 古典的な 1 次元調和振動子の存在確率

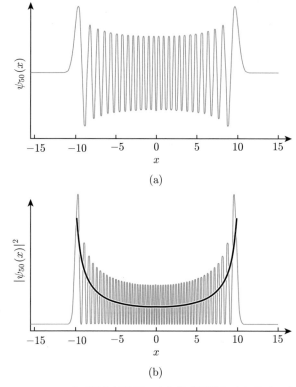

図 **5.7** $n = 50$ の 1 次元調和振動子の (a) 波動関数と (b) 粒子の存在確率

が，全体として，振動の中心である $x = 0$ 付近では比較的存在確率が小さく，また両端に近い部分では大きくなっていることが分かる．

このグラフに，**図 5.6** に示した，古典的な調和振動子の質点の存在確率を重ねると（黒色の太線），量子力学的に求めた存在確率をスムーズにならした値と，非常によく一致していることを確認してほしい．このように，古典的な調和振動子と量子力学的な調和振動子は対応している．

● **5 章のまとめ**

　本章では，調和振動子ポテンシャルにおける粒子の振舞いについて調べた．
3 章で学んだ無限に深い井戸型ポテンシャルの場合には，量子化されたエネル
ギー準位の間隔は一定ではなく，準位が大きくなるほど間隔が拡がっていたが，
調和振動子ポテンシャルでは，エネルギー準位の間隔が $\hbar\omega$ で一定という特徴
があった．また，最低エネルギーは $\hbar\omega/2$（零点エネルギー）であることが分
かった．さらに，各エネルギー準位に対応した固有関数が互いに直交している
ことも確認した．最後に，その粒子の存在確率の平均的な振舞いは，n が大き
いとき，古典的な調和振動子の存在確率と一致しており，中心付近で小さく，
両端で大きくなっていることも確認した．また，調和振動子は，冒頭で述べた
ように，今後，場の量子論に展開する際に非常に重要となる．

　ここまで，時間に依存しないシュレーディンガー方程式を用い，代表的なポ
テンシャル中での粒子の振舞いについて調べてきた．次の章では，量子力学的
な粒子の時間的な振舞いについて，時間に依存するシュレーディンガー方程式
を用いて調べる．

第 5 章　演習問題

演習 5.1　式 (5.7) が式 (5.11) に変形できることを確認せよ．

演習 5.2　式 (5.12) の解が式 (5.13) で与えられることを確認せよ．

演習 5.3　式 (5.16) のように波動関数 $f(\xi)$ が $u(\xi)$ と $\exp(-\xi^2/2)$ の積で表されて
いるとき，$u(\xi)$ が ξ の無限級数の場合，$\xi \to \infty$ で $f(\xi)$ は発散することを示せ．

第 **6** 章

波動関数の時間発展と波束

　本章では，波動関数の時間発展について学ぶ．これまでは，時間に依存しないシュレーディンガー方程式を用いて，いわばエネルギー保存則のみを用いて粒子の振舞いを調べてきた．時間に依存したシュレーディンガー方程式を用いて，波動関数の時間変化（時間発展）を調べるにあたり，まず，波束の概念を導入する．次に，ガウス波束型の波動関数で記述される粒子に対する，位置と運動量の不確定性関係について調べる．その後，時間に依存するシュレーディンガー方程式と，古典力学における運動方程式の関係である，エーレンフェストの定理を学ぶ．最後に，実際に波動関数がどのように時間的に振る舞うかを検討する．

6.1　波動関数の時間発展

　前章までは，時間に依存しないシュレーディンガー方程式を用いて，粒子がどのようなエネルギー固有値をとり得るか，またその際の波動関数（固有関数）はどのように表されるのかを調べてきた．いわば，古典力学で，エネルギー保存則を用いて定常状態における粒子の振舞いを調べてきたことに対応する．一方，古典力学では，粒子がポテンシャル中に置かれた際に，実際にどのように「運動」するのか，運動方程式を用いて調べることもできる．この章では，この粒子の運動，つまり波動関数の時間的な変化を，時間に依存するシュレーディンガー方程式を用いて調べる．このような時間的な変化のことを，物理学の用語で**時間発展**（time evolution）と呼ぶ．これまで「じっと」動かなかった波動関数が，どのように時間的に「動く」のかを見てみよう．

　ところで，このような時間的な発展を理解するには，実際に数値計算によって波動関数の形が時間的に変化するのを眺めると効果的である．本書では，Mathematica と呼ばれる数値解析ソフトを利用しているが，MATLAB や Maple などの同種の数値解析ソフト，または Python や C などのプログラム

言語でプログラムを書いて，自分で計算して確かめて，楽しんでみることをお勧めする．

6.2 波 と 波 束

波動関数の時間発展を調べる前の準備として，まず波と波束について復習しよう．

一般に1次元の波は，次の式で表される．

$$\psi(x) = A\cos(kx - \omega t) \tag{6.1}$$

図 **6.1** は，$k > 0$ のときについて，各時刻ごとに進行波をプロットしたものである．時間が $t = 0$, $t = \pi/4$, $t = \pi/2$ と進むにつれて，波全体が右，つま

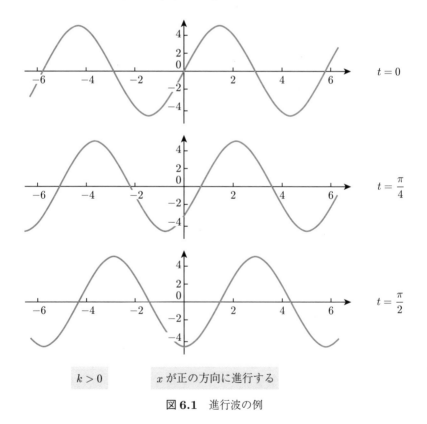

$k > 0$　　　x が正の方向に進行する

図 **6.1**　進行波の例

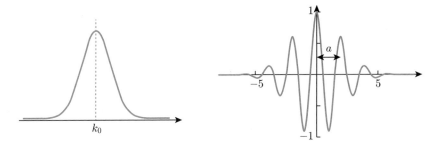

図 **6.2**　波数が k_0 を中心としたガウス分布（左図）の波の重ね合わせにより作られる波束 $(a = 2,\, k_0 = \pi)$

り x が正の方向に移動している様子が分かるだろう．k が負のときには波の進行方向は逆向きとなり，x が負の方向に向かって移動する．

この波の進行速度 v は，式 (6.1) の $(kx - \omega t)$ が一定の条件から，$v = \omega/k$ で与えられる．k が正のときは v も正，また k が負のときは v も負となり，先ほど説明した波の進行方向と一致している．

しかし，粒子の波動関数が式 (6.1) の形のままでは，粒子の運動，つまり粒子の存在確率の時間変化を調べることが難しい．そこで，いくつかの異なる波数をもった波が重なった状態である**波束**（wave packet）を考える．

波数 k の波 $A \exp(ikx)$ を重ね合わせて波束を作る方法には様々な方法がある．ここでは，その波数 k の分布が k_0 を中心としたガウス分布（図 **6.2** の左図）の場合について考察しよう．このような波束は**ガウス波束**と呼ばれ，次式で表される．

$$\psi(x) = \int_{-\infty}^{\infty} A \exp\left\{ -\frac{a^2}{2}(k - k_0)^2 \right\} \exp(ikx)\, dk \tag{6.2}$$

ここで，波数の分布の拡がりは，$1/a$ で与えられることに注意してほしい．式 (6.2) をよく見ると，ガウス関数

$$\exp\left\{ -\frac{a^2}{2}(k - k_0)^2 \right\} \tag{6.3}$$

をフーリエ変換した形になっている．

フーリエ変換の関係式

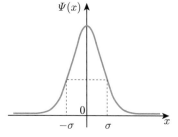

$$\Psi(x) = \frac{1}{\sqrt{2\pi}\sigma} \exp\left(\frac{-x^2}{2\sigma^2}\right)$$

F.T.

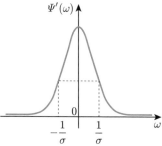

$$\Psi'(\omega) = \exp\left(\frac{-\sigma^2\omega^2}{2}\right)$$

図 **6.3** ガウス関数のフーリエ変換

$$\Psi(x) = \frac{1}{\sqrt{2\pi}\,\sigma} \exp\left(\frac{-x^2}{2\sigma^2}\right) \tag{6.4}$$

$$\Updownarrow \text{ F.T.}$$

$$\Psi'(\omega) = \exp\left(-\frac{\sigma^2\omega^2}{2}\right) \tag{6.5}$$

より（図 **6.3**），波数 k に関するガウス関数のフーリエ変換は，位置 x のガウス関数となり，次式で与えられる．

$$\psi(x) = \frac{1}{\sqrt{a\sqrt{\pi}}} \exp\left(-\frac{x^2}{2a^2}\right) \exp(\mathrm{i}k_0 x) \tag{6.6}$$

式 (6.6) について，$a = 2$, $k_0 = \pi$ の場合をプロットしたのが，図 **6.2** の右図である．波の一部分だけが抜き出され，その両端で指数関数的に減衰している様子が分かる．波束の拡がりは a で与えられる．つまり，波束を構成する波の波数分布が幅広いほど，波束の幅は狭まり，局在することが分かる．

6.3 波動関数が波束で表される粒子と不確定性関係

6.3.1 位置の期待値と不確かさ

次に，粒子の波動関数が式 (6.6) で表される場合について，粒子の位置や運動量について調べてみよう．まず，粒子の位置を正確に測定できる検出器を用

いた場合に，粒子を見出す位置 x の期待値 $\langle x \rangle$ を求めよう．期待値は，値に，その値が得られる確率を掛けて積分することで求まるから，

$$\langle x \rangle = \int_{-\infty}^{\infty} x \times \psi^*(x)\psi(x)\,\mathrm{d}x \tag{6.7}$$

$$= \frac{1}{a\sqrt{\pi}} \int_{-\infty}^{\infty} x \exp\left(-\frac{x^2}{a^2}\right) \mathrm{d}x \tag{6.8}$$

$$= 0 \tag{6.9}$$

となる．最後の積分は，積分の中身が奇関数であることに注意してほしい．$\langle x \rangle = 0$ は，図 **6.2** の波束が $x = 0$ に対して対称であることからも，期待通りの結果と言える．

では次に，x^2 の期待値 $\langle x^2 \rangle$ を求めてみよう．

$$\langle x^2 \rangle = \int_{-\infty}^{\infty} x^2 \psi^*(x)\psi(x)\,\mathrm{d}x \tag{6.10}$$

$$= \frac{1}{a\sqrt{\pi}} \int_{-\infty}^{\infty} x^2 \exp\left(-\frac{x^2}{a^2}\right) \mathrm{d}x \tag{6.11}$$

$$= \frac{a^2}{2} \tag{6.12}$$

よって，粒子の位置の測定値の不確かさ Δx は，次のように求まる．

$$\Delta x \equiv \sqrt{\langle x^2 \rangle - \langle x \rangle^2} \tag{6.13}$$

$$= \frac{a}{\sqrt{2}} \tag{6.14}$$

6.3.2 運動量の期待値と不確かさ

それでは次に，運動量 p の期待値 $\langle p \rangle$ について求めてみよう．

運動量**演算子**（operator）$\widehat{p}$（ピーハットと読む）は次のように与えられる．

$$\widehat{p} = -\mathrm{i}\hbar \frac{\mathrm{d}}{\mathrm{d}x} \tag{6.15}$$

運動量の期待値は，

$$\langle p \rangle = \int_{-\infty}^{\infty} \psi^*(x)\widehat{p}\psi(x)\,\mathrm{d}x \tag{6.16}$$

で求められる．なぜ，$\hat{p}$ を ψ^* と ψ で挟んだ形になるのかについては，後に 9.2.5 項で説明する．

式 (6.16) に式 (6.15) を代入すると，次のようになる．

$$\langle p \rangle = \int_{-\infty}^{\infty} \psi^*(x) \left(-\mathrm{i}\hbar \frac{\mathrm{d}}{\mathrm{d}x} \psi(x) \right) \mathrm{d}x \tag{6.17}$$

ここで，式 (6.6) を書き直すと

$$\psi(x) = \frac{1}{\sqrt{a\sqrt{\pi}}} \exp\left(-\frac{x^2}{2a^2} + \mathrm{i}k_0 x \right) \tag{6.18}$$

なので，

$$\frac{\mathrm{d}}{\mathrm{d}x} \psi(x) = \left(-\frac{x}{a^2} + \mathrm{i}k_0 \right) \psi(x) \tag{6.19}$$

を用いて，

$$\langle p \rangle = -\mathrm{i}\hbar \int_{-\infty}^{\infty} \psi^*(x) \left(-\frac{x}{a^2} + \mathrm{i}k_0 \right) \psi(x) \, \mathrm{d}x \tag{6.20}$$

$$= \frac{\mathrm{i}\hbar}{a^2} \int_{-\infty}^{\infty} \psi^*(x) x \psi(x) \, \mathrm{d}x + \hbar k_0 \int_{-\infty}^{\infty} \psi^*(x) \psi(x) \, \mathrm{d}x \tag{6.21}$$

$$= \hbar k_0 \tag{6.22}$$

最後の部分について，第 1 項は x の期待値が 0 であることを，また第 2 項は $\psi(x)$ が規格化されていることを用いた．

$\langle p \rangle = \hbar k_0$ について考えると，もともと図 **6.2** の左図にあるように，重ね合わせた波の平均の波数が k_0 であり，それに $\hbar$ を掛けた値となることは，期待通りの結果と言える．

最後に，p^2 の期待値 $\langle p^2 \rangle$ を求めてみよう．

$$\langle p^2 \rangle = \int_{-\infty}^{\infty} \psi^*(x) \hat{p}^2 \psi(x) \, \mathrm{d}x \tag{6.23}$$

$$= \int_{-\infty}^{\infty} \psi^*(x) \left(-\hbar^2 \frac{\mathrm{d}^2}{\mathrm{d}x^2} \psi(x) \right) \mathrm{d}x \tag{6.24}$$

また，式 (6.19) を再度 x で微分することで，次式が得られる．

$$\frac{\mathrm{d}^2}{\mathrm{d}x^2} \psi(x) = \left\{ -\frac{1}{a^2} + \left(-\frac{x}{a^2} + \mathrm{i}k_0 \right)^2 \right\} \psi(x) \tag{6.25}$$

式 (6.25) を式 (6.24) に代入すると,

$$\langle p^2 \rangle = \hbar^2 \left(\frac{1}{a^2} + k_0^2 \right) \int_{-\infty}^{\infty} \psi^* \psi \, dx$$

$$+ \hbar^2 \frac{2ik_0}{a^2} \int_{-\infty}^{\infty} \psi^* x \psi \, dx - \frac{\hbar^2}{a^4} \int_{-\infty}^{\infty} \psi^* x^2 \psi \, dx \qquad (6.26)$$

ここで, 式 (6.9), (6.12) を用いると次の結果が得られる.

$$\langle p^2 \rangle = \frac{\hbar^2}{2a^2} + \hbar^2 k_0^2 \qquad (6.27)$$

よって, 粒子の運動量の測定値の不確かさ Δp は, 次のように求まる.

$$\Delta p \equiv \sqrt{\langle p^2 \rangle - \langle p \rangle^2} \qquad (6.28)$$

$$= \sqrt{\frac{\hbar^2}{2a^2} + \hbar^2 k_0^2 - \hbar^2 k_0^2} \qquad (6.29)$$

$$= \frac{\hbar}{\sqrt{2}\, a} \qquad (6.30)$$

6.3.3 粒子の波動関数がガウス波束で与えられる場合の, 粒子の位置と運動量の不確定性関係

式 (6.14) で求めた位置の不確かさ Δx と, 式 (6.30) で求めた運動量の不確かさ Δp の積には次の関係がある.

$$\Delta x \cdot \Delta p = \frac{\hbar}{2} \qquad (6.31)$$

この関係は**不確定性関係** (uncertainty relation) と呼ばれる. 粒子の波動関数が式 (6.6) のような波束として与えられているとき, 位置の測定値のばらつきと, 運動量の測定値のばらつきを両方ゼロとすることができないことを示している. この結果は, 古典力学では, 質点の位置と運動量を同時に正確に決定できることと, 極めて対照的である. この不確定性関係は, 量子力学において非常に重要な性質であり, 式 (6.31) の意味については後の 10 章で詳しく見ることにする.

エーレンフェストの定理

ポール エーレンフェスト（Paul Ehrenfest）は，ウィーン出身で，オランダのライデン大学の教授を務めた研究者である．この節では，彼の発見した，**エーレンフェストの定理**を紹介する．その定理は次のようなものである．

> シュレーディンガー方程式に従う粒子に働く力が波束の内部でほぼ一定と見なせるとき，粒子の位置および運動量の期待値 $\langle x \rangle$, $\langle p \rangle$ は，古典力学の運動方程式に従う．

この定理は，古典力学が，量子力学の特別な場合の近似であること，言い換えれば，量子力学は，古典力学をその特別な場合として含むより広い力学体系であることを示している．この関係は，一般および特殊相対性理論と，古典力学（ニュートン力学）との関係に類似している．

では，エーレンフェストの定理の証明について以下説明する．

いま，時間に依存する 1 次元のシュレーディンガー方程式

$$-\frac{\hbar^2}{2m}\frac{\partial^2}{\partial x^2}\psi(x,t) + U\psi(x,t) = \mathrm{i}\hbar\frac{\partial}{\partial t}\psi(x,t) \tag{6.32}$$

に従う粒子について考える．ここで，U はポテンシャルを表す．粒子の位置 x の期待値 $\langle x \rangle$ は，

$$\langle x \rangle = \int_{-\infty}^{\infty} \psi^*(x)x\psi(x)\,\mathrm{d}x \tag{6.33}$$

で与えられるから，

$$\frac{\partial \langle x \rangle}{\partial t} = \int_{-\infty}^{\infty}\left(\frac{\partial \psi^*}{\partial t}x\psi + \psi^*x\frac{\partial \psi}{\partial t}\right)\mathrm{d}x \tag{6.34}$$

ところで，式 (6.32) のシュレーディンガー方程式から，次の式が得られる．

$$\frac{\partial \psi}{\partial t} = \frac{\mathrm{i}\hbar}{2m}\frac{\partial^2}{\partial x^2}\psi - \frac{\mathrm{i}}{\hbar}U\psi \tag{6.35}$$

$$\frac{\partial \psi^*}{\partial t} = \frac{-\mathrm{i}\hbar}{2m}\frac{\partial^2}{\partial x^2}\psi^* + \frac{\mathrm{i}}{\hbar}U\psi^* \tag{6.36}$$

これらを式 (6.34) に代入すると次式が得られる．

$$\frac{\partial \langle x \rangle}{\partial t} = \frac{-\mathrm{i}\hbar}{2m} \int_{-\infty}^{\infty} \left(\frac{\partial^2 \psi^*}{\partial x^2} x\psi - \psi^* x \frac{\partial^2 \psi}{\partial x^2} \right) \mathrm{d}x \qquad (6.37)$$

波動関数に対して，$x \to \pm\infty$ のとき，$\psi(x,t) \to 0$ を要請すると，式 (6.37) の第 1 項は次のように変形できる．

$$\int_{-\infty}^{\infty} \left(\frac{\partial^2 \psi^*}{\partial x^2} x\psi \right) \mathrm{d}x \qquad (6.38)$$

$$= \left[\frac{\partial \psi^*}{\partial x} \cdot x\psi \right]_{-\infty}^{\infty} - \int_{-\infty}^{\infty} \frac{\partial \psi^*}{\partial x} \cdot \frac{\partial (x\psi)}{\partial x} \mathrm{d}x \qquad (6.39)$$

$$= - \int_{-\infty}^{\infty} \frac{\partial \psi^*}{\partial x} \cdot \frac{\partial (x\psi)}{\partial x} \mathrm{d}x \qquad (6.40)$$

$$= - \left[\psi^* \cdot \frac{\partial (x\psi)}{\partial x} \right]_{-\infty}^{\infty} + \int_{-\infty}^{\infty} \psi^* \cdot \frac{\partial^2 (x\psi)}{\partial x^2} \mathrm{d}x \qquad (6.41)$$

$$= \int_{-\infty}^{\infty} \psi^* \cdot \frac{\partial^2 (x\psi)}{\partial x^2} \mathrm{d}x \qquad (6.42)$$

$$= \int_{-\infty}^{\infty} \psi^* \cdot \left(2\frac{\partial \psi}{\partial x} + x\frac{\partial^2 \psi}{\partial x^2} \right) \mathrm{d}x \qquad (6.43)$$

式 (6.43) を式 (6.37) に代入し，$\widehat{p}$ の定義式 (6.15) を用いると

$$\frac{\partial \langle x \rangle}{\partial t} = \frac{-\mathrm{i}\hbar}{m} \int_{-\infty}^{\infty} \psi^* \cdot \frac{\partial \psi}{\partial x} \mathrm{d}x \qquad (6.44)$$

$$= \frac{1}{m} \int_{-\infty}^{\infty} \psi^* \widehat{p}\psi \, \mathrm{d}x \qquad (6.45)$$

となる．最後の式の積分の部分は，運動量の期待値 $\langle p \rangle$ に等しいから，結局次式が得られる．

$$\frac{\partial \langle x \rangle}{\partial t} = \frac{\langle p \rangle}{m} \qquad (6.46)$$

次に，$\frac{\partial \langle p \rangle}{\partial t}$ に対する運動方程式を求めよう．

$$\langle p \rangle = \int \psi^* \left(-\mathrm{i}\hbar \frac{\partial}{\partial x} \psi \right) \mathrm{d}x \qquad (6.47)$$

に対して，式 (6.34) 以下を求めたのと同様に計算を行うと，次の結果が得られる（演習問題 6.1）．

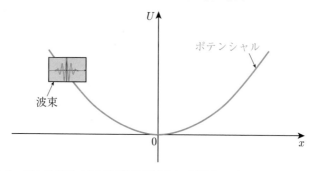

図 6.4　ガウス波束で波動関数が記述される粒子のポテンシャル中の運動

$$\frac{\partial \langle p \rangle}{\partial t} = -\int \psi^* \left(\frac{\partial}{\partial x} U \right) \psi \, dx$$

$$= -\left\langle \frac{\partial}{\partial x} U \right\rangle \tag{6.48}$$

いま，波束の中で $\frac{\partial}{\partial x} U$ が一定と見なせるとき式 (6.48) は次のように表される.

$$\frac{\partial \langle p \rangle}{\partial t} = -\frac{\partial}{\partial x} U \tag{6.49}$$

以上の結果をまとめると，波束の中で $\frac{\partial}{\partial x} U$ が一定と見なせるときには，次の式が成り立つ.

$$\frac{\partial \langle x \rangle}{\partial t} = \frac{\langle p \rangle}{m}$$

$$\frac{\partial \langle p \rangle}{\partial t} = -\frac{\partial}{\partial x} U \tag{6.50}$$

これは，粒子の位置の期待値 $\langle x \rangle$ および運動量の期待値 $\langle p \rangle$ が，波束の中で，力 $\frac{\partial}{\partial x} U$ が一定のとき，古典力学の運動方程式に従うことを示している.

この様子を**図 6.4** に示した．図では，ポテンシャルの変化に対して，波束の拡がりが十分小さい．より具体的には，波束の中ではポテンシャルの変化（傾き）が一定，すなわち力が一定と見なすことができる．この場合，この粒子の位置と運動量の期待値は，古典的な運動を行うことになる．この結果は，**図 5.7** で議論した，調和振動子ポテンシャル中での粒子の運動の，古典力学と量子論での結果の関係と対応している.

6.5 自由空間における波束の運動

それでは，いよいよ自由空間における波束の運動について調べてみよう．

6.5.1 一般的な波の分散関係をもった波束の運動

まず最初に，一般的な波が満たす波動方程式における波束の運動について確認しよう．2章で見たように，1次元の場合，一般的な波が満たす波動方程式は，

$$\frac{\partial^2}{\partial x^2}\psi(x,t) = \frac{1}{c^2}\frac{\partial^2}{\partial t^2}\psi(x,t) \tag{6.51}$$

となり，次の一般解をもつ．

$$\psi(x,t) = A\exp\{i(kx - \omega t)\} \tag{6.52}$$

ここで，A は任意の定数である．式 (6.52) を式 (6.51) に代入して整理すると，次の分散関係が得られる．

$$\omega(k) = ck \tag{6.53}$$

ここで，簡単のために c の係数は正のみをとった．

式 (6.2) と同様にして，時間的に変化する波数 k の平面波の重ね合わせによる波束は，次のように与えられる．

$$\psi(x,t) = \int_{-\infty}^{\infty} A\exp\left\{-\frac{a^2}{2}(k-k_0)^2\right\}\exp\{i(kx - \omega(k)t)\}\,\mathrm{d}k \tag{6.54}$$

分散関係が式 (6.53) で与えられるとき，式 (6.54) は次のように変形できる．

$$\psi(x,t) = \int_{-\infty}^{\infty} A\exp\left\{-\frac{a^2}{2}(k-k_0)^2\right\}\exp\{ik(x - ct)\}\,\mathrm{d}k \tag{6.55}$$

ここで，$x' = x - ct$ と変数変換すると，式 (6.55) は，時間によらない波による波束の式 (6.2) と全く同じ形になる．つまり，式 (6.55) で与えられる波束はその形を保ったまま，$x/t = c$，つまり速さ c で x の正の方向へと移動していくことがわかる．

6.5.2　量子の分散関係をもった波束の運動

一方，量子力学的な粒子は，2章の式 (2.5) と同様の，次の分散関係をもつ.

$$\omega = \frac{\hbar k^2}{2m} \tag{6.56}$$

この式を式 (6.54) に代入すると，

$$\psi(x,t) = \int_{-\infty}^{\infty} A \exp\left\{-\frac{a^2}{2}(k-k_0)^2\right\} \exp\left\{\mathrm{i}k\left(x - \frac{\hbar k}{2m}t\right)\right\} \mathrm{d}k \tag{6.57}$$

となる．後ろの指数関数の中身に，$x - \frac{\hbar k}{2m}t$ と k に依存する項が残っているために，式 (6.55) の場合とは異なり，波束はその形を保ったまま時間発展することはできない．$\frac{\hbar k}{2m}$ を，ある波数 k に対する速さと見なすと，その波数により速く進む成分，遅く進む成分が生じることがわかる.

式 (6.57) は，積分を解析的に計算することができ，次のようになる.

$$\psi(x,t) = \sqrt{\frac{a}{\left(a^2 + \frac{\mathrm{i}\hbar t}{m}\right)\sqrt{\pi}}} \exp\left\{-\frac{1}{2}\frac{(x - \mathrm{i}a^2 k_0)^2}{a^2 + \frac{\mathrm{i}\hbar t}{m}} - \frac{a^2 k_0^2}{2}\right\} \tag{6.58}$$

この絶対値の2乗をとるともう少し見やすくなり，次のようになる.

$$|\psi(x,t)|^2 = \frac{1}{\sqrt{\pi}}\frac{1}{\sqrt{a^2 + \frac{\hbar^2 t^2}{m^2 a^2}}} \exp\left\{-\frac{\left(x - \frac{\hbar k_0}{m}t\right)^2}{a^2 + \frac{\hbar^2 t^2}{m^2 a^2}}\right\} \tag{6.59}$$

$$= \frac{1}{\sqrt{2\pi}\,\Delta x} \exp\left\{-\frac{\left(x - \frac{\hbar k_0}{m}t\right)^2}{2(\Delta x)^2}\right\} \tag{6.60}$$

ここで，

$$\Delta x = \sqrt{\frac{a^2}{2} + \frac{\hbar^2 t^2}{2m^2 a^2}} \tag{6.61}$$

を用いた.

式 (6.60) は，図 **6.3** で説明したガウス関数になっており，その中心が速さ $\frac{\hbar k_0}{m}$，すなわち運動量を質量で割った値で進行することを示している．これは，古典的な物体の運動と一致している．また，ガウス関数の拡がりは Δx で与えられるが，平方根の中身の第2項が第1項にくらべて十分大きいとき，すなわち $t \gg \frac{ma^2}{\hbar}$ のときには，

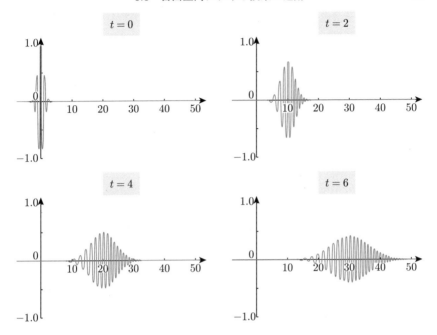

図 6.5 シュレーディンガー方程式に従う波束の運動（$a = 1, \hbar/m = 1, k = 5$）

$$\Delta x \sim \frac{\hbar}{\sqrt{2}\,ma}t \tag{6.62}$$

となる．すなわち，位置の分布は，時間 t が十分大きいときには，t に比例して拡がることが分かる．

　図 6.5 に，$a = 1, \frac{\hbar}{m} = 1, k = 5$ のときの波束の時間発展の様子を示した．時刻 $t = 0$ のときの波束が，時刻が進むにつれてその中心が右に移動しつつ，幅が広くなっている様子が分かる．

　最後に，粒子の位置と運動量の不確かさが，時間発展と共にどのようになるのかを確認しておこう．積分を実行する前の波束の式 (6.57) を再度よくみてみると

$$\psi(x, t) = \int_{-\infty}^{\infty} A \exp\left\{-\frac{a^2}{2}(k - k_0)^2\right\} \exp\left\{\mathrm{i}k\left(x - \frac{\hbar k}{2m}t\right)\right\} \mathrm{d}k$$

の最初の指数関数の中身は実数であり，波束のところでも説明したように，波

束に含まれる波数成分の分布，すなわち中央値や分布の拡がりを規定している．一方，2番目の指数関数の中身は純虚数であり，波数 k の値に応じて積分される関数の位相を変化させるだけで，波束に含まれる波数成分の分布には影響を与えない．このため，粒子の運動量の期待値 $\langle p \rangle$ や不確かさ Δp は時間発展しても変化しない．すなわち

$$\langle p \rangle = \hbar k_0 \tag{6.63}$$

$$\Delta p = \frac{\hbar}{\sqrt{2}\,a}$$

一方，位置の不確かさは，式 (6.61) で与えられ，次のようになる．

$$\Delta x = \sqrt{\frac{a^2}{2} + \frac{\hbar^2 t^2}{2m^2 a^2}} \geq \frac{a}{\sqrt{2}} \tag{6.64}$$

なお，等号が成り立つのは $t = 0$ のときのみである．よって，位置と運動量の不確かさの積は

$$\Delta x \cdot \Delta p \geq \frac{\hbar}{2} \tag{6.65}$$

となり，$t > 0$ では最小不確定性関係は満たされないことが分かる．

● 6章のまとめ

　本章では，波動関数が時間に依存してどのように振る舞うのかについて調べた．まず，波動関数がガウス型の波束で表される粒子に対する，位置と運動量の期待値と，標準偏差（個々の測定値の不確かさ）について調べた．その結果，不確かさの積は $\hbar/2$ となることが分かった．また，波束の拡がりの中でポテンシャルの傾き，すなわち力が一定と見なせる場合，時間に依存するシュレーディンガー方程式に従う粒子の位置と運動量の期待値は，古典力学における運動方程式に従うという，エーレンフェストの定理を導出した．

　さらに，自由空間における波動関数の時間発展について調べた．その結果，$\omega(k) = ck$ の分散関係をもつ一般的な波の方程式に従う粒子の場合には，波束はその形状を保ったまま伝搬するのに対して，$\omega(k) = \frac{\hbar}{2m}k^2$ という分散関係をもつ，シュレーディンガー方程式に従う粒子の場合には，伝搬するに従って波束が拡がる，つまり位置の不確かさが増大していくことが分かった．

　次の章では，シュレーディンガー方程式を用いた粒子の振舞いの総まとめと

して，量子力学と古典力学の違いが表れる顕著な例である「トンネル効果」について調べる．

第 6 章　演習問題

演習 6.1　式 (6.48) を導出せよ．

演習 6.2　図 **6.5** において，$t = 6$ における波束をみると，進行方向の前方は波長が小さく，後方は波長が長くなっているように見える．このような現象は**チャープ**と呼ばれる．この理由について考察せよ．

第**7**章

量子トンネル効果

　古典力学に従う粒子では決しておこらず，量子論特有の現象の代表例が，本章で学ぶ**量子トンネル効果**（quantum tunneling）である．単に**トンネル効果**と呼ばれることも多い．トンネル効果は，古典力学に基づく直観と相容れない興味深い現象であるだけでなく，量子デバイスや計測手法などに様々に活用されている．本章では，最初に直観的な取扱いが可能な，時間に依存しないシュレーディンガー方程式を用いて，粒子がポテンシャル障壁をトンネルする確率を導出する．その後，波動関数が時間的に移動する波束で与えられる場合について考察する．最後に，確率密度の連続性について検討する．

7.1 量子トンネル効果とは

　4.3 節で，有限な深さの井戸型ポテンシャルの場合，エネルギー固有値 E が，ポテンシャルの井戸の高さ V_0 より小さいときに，波動関数が井戸の外側に浸みだしていることを指摘した．これは，粒子のもつエネルギー E よりも大きなポテンシャルエネルギーの位置に，粒子が存在し得ることを意味している．

　量子トンネル効果とは，量子力学的な系で，位置座標 x の関数として表されたポテンシャルがあるとき，その最高値よりも小さい力学的エネルギーをもつ粒子が，山を突き抜けて内から外に，あるいは外から内に移り得る現象である．これは，古典力学では決しておこらない量子力学特有の効果である．

　いま図**7.1** のように，位置エネルギーと運動エネルギーの和である力学的エネルギー E が V_0 より小さい粒子が，実線で描かれたようなポテンシャルの中に存在しているとしよう．図の左側のポテンシャルは無限大へと大きくなっている．また，粒子の右側は，図に示しているように，V_0 よりもポテンシャルエネルギーが大きくなっている部分があり，これを**障壁**と呼ぶ．その障壁の右側のポテンシャルエネルギーは，V_0 よりも小さい．お椀の中にボールが入っているような状態を想像してほしい．

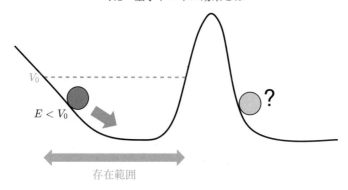

図 **7.1** 量子トンネル効果とは

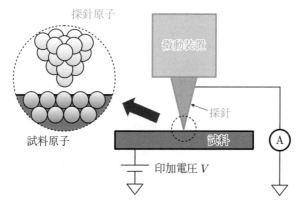

図 **7.2** 走査型トンネル顕微鏡の模式図

　粒子が古典力学に従う場合は，粒子は**図 7.1** に示したような部分にしか存在できず，外部からさらにエネルギーが与えられない限り，障壁を乗り越えて，右側に抜け出すことはあり得ない．しかし，粒子が量子力学に従う場合には，ある一定の確率で右側に抜け出す．これが，量子論特有の現象の代名詞ともなっている，量子トンネル効果である．

　量子トンネル効果は，単に不思議な現象というだけでなく，現在様々な計測装置や電子デバイス等で利用されている．計測装置の代表的な例が，**走査型トンネル顕微鏡**（Scanning Tunneling Microscope），通称 **STM** である．**図 7.2** にその模式図を示した．先のとがった金属の探針に電圧を印加し，導電性の試料に近づけると，探針と試料が直接接触していない状態でも，トンネル効果に

ジョセフソン接合

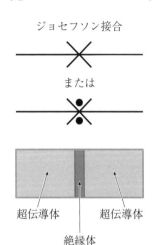

超伝導体　　　超伝導体

絶縁体
（酸化膜など）

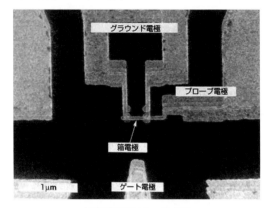

超伝導量子ビット素子

図 **7.3**　ジョセフソン接合. 右図は，ジョセフソン接合を利用した超伝導量子ビット
　　　素子. パリティ 2000 年 4 月号の記事「量子計算機の基本要素 超伝導電子対
　　　を操る」（中村泰信 著）に初出の図を中村泰信氏のご厚意により引用.

よって電子が探針から試料へと移動し，電流が流れる. この電流を**トンネル電
流**と呼ぶ. このトンネル電流の大きさは，探針の先端と試料の間の距離に強く
依存するため，トンネル電流が一定になるように探針の高さを制御しながら，
試料面を走査することで，原子の像が見えるほどの高い分解能で物質表面を調
べることができる. さらに，印加電圧 V を変化させることで，試料内部で特定
のエネルギーをもった電子の分布を調べることもできる. この STM を発明し
た IBM チューリッヒのハインリッヒ ローラー（Heinrich Rohrer）とゲルト
ビーニッヒ（Gerd Binnig）に対し，1986 年のノーベル賞が授与されている.
　トンネル効果を用いたデバイスの例が，**図 7.3** の左に示す**ジョセフソン接合**
と呼ばれる素子である. 超伝導体と超伝導体を，わずかな厚みをもった絶縁体
を挟んで接触させる. 超伝導体の内部で電流を担っているのは，「クーパー対」
と呼ばれる電子が対になった状態である. 古典的には，電子は絶縁体の部分で
遮られ，電流は流れないように思われるが，このトンネル効果によって，絶縁
体部分をクーパー対がトンネルして電流が流れる. この現象を発見したブラ
イアン ジョセフソン（Brian Josephson）に対して，1973 年にノーベル賞が

授与されている．また，このジョセフソン素子は，非常に高い感度で磁場を検出する**超伝導量子干渉計**（Superconducting Quantum Interference Device, **SQUID**）や，また**量子コンピュータ**の基本単位の量子ビットを担う素子などで活用されている（図 **7.3** 右図）．

有限高さの障壁におけるトンネル効果

いま，図 **7.4** にあるような，高さ V_0 で幅 a の障壁が存在した場合の，粒子の振舞いについて見てみよう．

この場合，粒子の波動関数を，6 章で扱った波束をもつと仮定して，その時間発展を計算するのが正攻法であるが，取扱いは難しくなる．そこで，ここでは次のような仮定に基づいて議論を進める．

> **仮定 1** 粒子の波動関数を，大きさ $|k|$ の波数をもつ単色波である，入射波，反射波，透過波で記述する．
> **仮定 2** x の正方向に伝搬する波動関数は $\exp(ikx)$，負の方向に伝搬する波動関数は $\exp(-ikx)$ で表される．

仮定 2 については，6.2 節において，図 **6.1** を用いて 1 次元の波の進行方向と k の関係について説明したことを確認してほしい．また，仮定 1 は，2.6 節で説明した「要請 2　波動関数が無限遠方で 0 に漸近する．」を満たしていない．このため，規格化条件を用いることができないが，後の例題 7.1 で見るように，確率振幅の 2 乗の比から，「透過率」や「反射率」を導出できるとする．この問題については，後の 7.4 節で議論する．

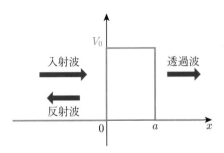

図 7.4 トンネル障壁のポテンシャル

例題 **7.1** 1次元系において，ポテンシャル $V(x)$ が次のように与えられている．

$$0 \leq x \leq a \qquad V(x) = V_0 \tag{7.1}$$

$$x < 0, \quad x > a \qquad V(x) = 0 \tag{7.2}$$

粒子のエネルギー E について，$0 < E < V_0$ のときの粒子の透過率と反射率を求めよ．

[**解答**]　時間に依存しない1次元のシュレーディンガー方程式は

$$-\frac{\hbar^2}{2m_e} \frac{\mathrm{d}^2}{\mathrm{d}x^2} \psi(x) + V(x)\psi(x) = E\psi(x) \tag{7.3}$$

まず，障壁の左側の $x < 0$ の領域について考える．ここでは $V(x) = 0$ だから，式 (7.3) は

$$-\frac{\hbar^2}{2m_e} \frac{\mathrm{d}^2}{\mathrm{d}x^2} \psi(x) = E\psi(x) \tag{7.4}$$

となり，この解は，大きさ $|k|$ の波数をもつ入射波と反射波の重ね合わせで表される．

$$\psi(x) = A \exp(\mathrm{i}kx) + B \exp(-\mathrm{i}kx) \tag{7.5}$$

$$k = \sqrt{\frac{2m_e E}{\hbar^2}} \tag{7.6}$$

次に，$x > a$ の領域について考える．ここも $V(x) = 0$ だから，シュレーディンガー方程式は式 (7.4) で与えられる．いま考えている，粒子がポテンシャル障壁に左から入射するという状況のもとでは，障壁の右側では粒子は x の負の方向に進行する成分がないはずである．そのため，式 (7.4) の解は次のようになる．

$$\psi(x) = C \exp(\mathrm{i}kx) \tag{7.7}$$

なお，**透過率** T は，入射波の確率振幅の2乗 $|A|^2$ と，透過波の確率振幅の2乗 $|C|^2$ の比として，次のように与えられる．

$$T = \left| \frac{C}{A} \right|^2 \tag{7.8}$$

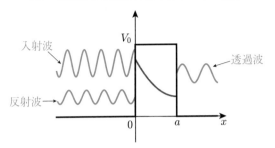

図 7.5 入射波，透過波および反射波

同様に，**反射率** R は次のように与えられる．

$$R = \left| \frac{B}{A} \right|^2 \tag{7.9}$$

最後に，$0 \leq x \leq a$ の領域について考えよう．この領域では $V(x) = V_0$ だから，式 (7.3) は次のようになる．

$$-\frac{\hbar^2}{2m_e} \frac{\mathrm{d}^2}{\mathrm{d}x^2} \psi(x) + V_0 \psi(x) = E\psi(x) \tag{7.10}$$

この解は，次のように与えられる．

$$\psi(x) = F \exp(k'x) + G \exp(-k'x) \tag{7.11}$$

$$k' = \sqrt{\frac{2m_e}{\hbar^2}(V_0 - E)} \tag{7.12}$$

これらの入射波，透過波，および反射波を図示したのが**図 7.5** である．それぞれの確率振幅の関係について，波動関数の境界条件（2.6 節で説明した要請 1），すなわち $x = 0$ および $x = a$ における $\psi(x)$ および $\frac{\mathrm{d}}{\mathrm{d}x}\psi(x)$ が連続であることを用いて定めよう．

$x = 0$ では，式 (7.5) および式 (7.11) より次の式が得られる．

$$A + B = F + G \tag{7.13}$$

$$\mathrm{i}kA - \mathrm{i}kB = k'F - k'G \tag{7.14}$$

同様に $x = a$ では，式 (7.7) および式 (7.11) より，

$$F \exp(k'a) + G \exp(-k'a) = C \exp(\mathrm{i}ka) \tag{7.15}$$

$$k'F \exp(k'a) - k'G \exp(-k'a) = \mathrm{i}kC \exp(\mathrm{i}ka) \tag{7.16}$$

式 (7.13) から式 (7.16) を用いると，式 (7.8) で与えられた透過率 T は次のようになる.

$$T = \frac{4k^2 k'^2}{(k^2 + k'^2)^2 \sinh^2(k'a) + 4k^2 k'^2} \tag{7.17}$$

同様に，式 (7.9) で与えられた反射率 R は次のようになる.

$$R = \frac{(k^2 + k'^2)^2 \sinh^2(k'a)}{(k^2 + k'^2)^2 \sinh^2(k'a) + 4k^2 k'^2} \tag{7.18}$$

□

以上のように，透過率と反射率が求まった．なお，

$$T + R = 1 \tag{7.19}$$

となり，透過率と反射率の和が 1 となっていることに注意してほしい．また，式 (7.8) および式 (7.9) から $T \geq 0$, $R \geq 0$ なので，

$$0 \leq T \leq 1 \tag{7.20}$$

と，有限の透過率をもつことも分かる.

7.3 粒子のエネルギーが障壁高さの半分の場合の トンネル確率

式 (7.17) の式は少し複雑なので，例として，粒子のエネルギーが障壁高さの半分，すなわち $E = \frac{V_0}{2}$ の場合について見てみよう．このとき，T は次のように与えられる.

$$T = \frac{1}{1 + \sinh^2(k'a)}$$
$$= \frac{1}{\cosh^2(k'a)} \tag{7.21}$$

式 (7.21) を，横軸を $k'a$，縦軸を T としてプロットしたのが図 **7.6** である．なお，式 (7.12) に $E = \frac{V_0}{2}$ を代入し，$k' = (\sqrt{m_e V_0})/\hbar$ と与えられることに注意しよう.

この図から，障壁の厚み a が 0 に漸近するとき，透過率 T は 1 に漸近することが分かる．また，$k'a = 1$，すなわち，障壁の厚み a がおおよそ $1/k'$ 程度で

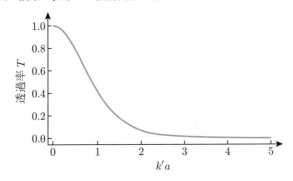

図 **7.6** $E = \frac{V_0}{2}$ の場合にトンネル障壁を粒子が透過する確率

透過率 T は半減し，さらに $k'a$ が増大するにつれ，透過率 T は急速に 0 に漸近することが分かる.

波束で表される波動関数で記述される粒子のトンネル効果

以上の計算では，与えられたポテンシャルに対して，時間に依存しないシュレーディンガー方程式を解き，特定のエネルギーに対する波動関数の定常解を求めている．しかし，7.2 節でも述べたように，この場合，波動関数が規格化されていないという問題がある．これを解決するには，粒子の波動関数が波束で表されると仮定して，その時間発展を計算する必要がある．ここでは，波束で表される波動関数で記述される粒子のトンネル効果について考察してみよう．

前章の 6.5 節では，式 (6.52) で与えられる波の式

$$\psi(x,t) = A \exp\{\mathrm{i}(kx - \omega t)\} \tag{7.22}$$

を用いて波束を構成して，その運動について考察した．ここでは，式 (7.22) の代わりに，7.2 節で求めた定常解を用いて波束を構成することを考えよう．より具体的には，入射粒子のエネルギーが E のときの定常解 $\psi_E(x)$ を，$x < 0$ の領域では式 (7.5)，$x > a$ の領域では式 (7.7)，また $0 \leq x \leq a$ の領域では式 (7.11) に等しいものとして定義し，A, B などの定数は境界条件などで定められているとする．

この定常解に，時間に依存する振動項を加えた波動関数

$$\psi_E(x,t) = \psi_E(x)\exp(-i\omega t) \tag{7.23}$$

は，図 **7.4** で与えられたポテンシャルに対する，時間に依存するシュレーディンガー方程式の解となっている．式 (7.22) の代わりに，式 (7.23) を用いて，あるエネルギー E_0 の付近で，特定のエネルギーの拡がりについて重ね合わせ，波束を作る．

ところで，すでに見たように，入射する粒子の透過率 T と反射率 R は，粒子のエネルギー E に依存する．ここでは，簡単化のために，透過率 T と反射率 R がほとんど変わらない程度に狭いエネルギー範囲，すなわち十分に狭い波数の範囲で波動関数を重ね合わせ，波束を構成する場合について考えよう．このとき，式 (6.56) のように与えられる分散関係も，その範囲内では 1 次関数で近似できる，すなわち

$$\begin{aligned}
\omega &= \omega_0 + \frac{\hbar k_0(k - k_0)}{m} \\
&= \omega_0 + v_{\mathrm g}(k - k_0) \\
&= v_{\mathrm g}k - \omega_0
\end{aligned} \tag{7.24}$$

と与えられるとする．ここで，$\omega_0 = \frac{\hbar k_0^2}{2m}$ であり，$v_{\mathrm g} = \frac{\hbar k_0}{m}$ は，粒子の速度（**群速度**）である．また，ここでは最初入射する粒子が正の方向に進行している，つまり $k_0 > 0$，$v_{\mathrm g} > 0$ としよう．

まず，$x > a$ の領域での波束の振舞いについて考えよう．この領域では，定常解は式 (7.7) で与えられるため，波束の式は式 (6.54) と同様にして，

$$\psi(x,t) = \int_{-\infty}^{\infty} C\exp\left\{-\frac{a^2}{2}(k - k_0)^2\right\}\exp\left\{i(kx - \omega(k)t)\right\}\mathrm dk \tag{7.25}$$

として与えられる．式 (7.24) を代入すると，

$$\begin{aligned}
&\psi(x,t) \\
&= \exp(i\omega_0 t)\int_{-\infty}^{\infty} C\exp\left\{-\frac{a^2}{2}(k - k_0)^2\right\}\exp\left\{ik(x - v_{\mathrm g}t)\right\}\mathrm dk \tag{7.26}
\end{aligned}$$

となる．ここで，k に依存しない振動項 $\exp(i\omega_0 t)$ は，k の積分の外に出した．$t \gg 0$ のとき，式 (6.55) のところで検討した場合と同様の理由で，波束は形を保ったまま，速さ $v_{\mathrm g}$ で x の正の方向へと移動していくことがわかる．また，このときの波束の絶対値の 2 乗を積分すると，$|C|^2$ をとる．

また，式 (7.26) を見ると，$x > a$ でかつ $t \ll 0$ のとき，$x - v_{\mathrm{g}}t$ は必ず正の値となり，$\exp\{\mathrm{i}k(x - v_{\mathrm{g}}t)\}$ が常に振動し k での積分により打ち消し合ってしまう．つまり，いま検討している $x > a$ の領域では，時刻 $t \ll 0$ のとき，波束は存在しないことがわかる．

次に，$x < 0$ の領域での波束の振舞いについて考えよう．この領域では，定常解は式 (7.5) で与えられる．先ほど，$x > a$ の領域に対して式 (7.26) を導出したのと同様に考えると，波束の式は次のように求まる．

$$\psi(x, t) = \exp(\mathrm{i}\omega_0 t)\left[\int_{-\infty}^{\infty} A \exp\left\{-\frac{a^2}{2}(k - k_0)^2\right\} \exp\{\mathrm{i}k(x - v_{\mathrm{g}}t)\}\, \mathrm{d}k\right.$$
$$\left. + \int_{-\infty}^{\infty} B \exp\left\{-\frac{a^2}{2}(k - k_0)^2\right\} \exp\{\mathrm{i}k(-x - v_{\mathrm{g}}t)\}\, \mathrm{d}k\right] \quad (7.27)$$

式 (7.27) を用いて，$x < 0$ の領域における波束の運動について考えてみよう．まず，時刻 $t \ll 0$ のとき，式 (7.26) に対する考察と同様の理由で，第 2 項は値をもたず，第 1 項のみが値をもつ．このため，波束は振幅 A，速さ v_{g} で x の正の方向へと移動することが分かる．

次に，$t \gg 0$ のときについて考えると，今度は第 1 項は値をもたず，第 2 項のみが値をもつことがわかる．このため，波束は振幅 B，速さ v_{g} で x の負の方向へと移動する．

以上の結果から，時刻 $t \ll 0$ のときには波束は $x < 0$ の領域に振幅 A で存在し，速さ v_{g} で x の正の方向へと移動しているが，時刻 $t \gg 0$ のときには，$x < 0$ の領域において振幅 B，速さ v_{g} で x の負の方向へと移動する波束と，$x > a$ の領域において振幅 C，速さ v_{g} で x の正の方向へと移動する波束の重ね合わせになっていることがわかる．

それぞれの波束の振幅の絶対値の 2 乗を積分すると，入射波は $|A|^2$，反射波は $|B|^2$，透過波は $|C|^2$ である．よって透過率，反射率は，定常解での振幅の比で計算した式 (7.8) および式 (7.9) と一致していることがわかる．

なお，トンネル障壁の左右で，ポテンシャルの高さが異なる場合には，透過率や反射率は，時間に依存しない場合の解の係数の 2 乗の比である式 (7.8) や式 (7.9) とならないので注意が必要である．これは，波束の移動速度がポテンシャルの高さと粒子のエネルギーの差に依存するため，$x < 0$ の領域と $x > a$ の領域で異なることが理由である．この場合には，次の 7.5 節や演習問題 7.1

で学ぶ，確率流密度の考え方に基づく必要があり，透過率は式 (7.8) に，入射部分と透過部分での速度の比が掛けあわさった値になる．

より一般的な場合の，トンネル障壁に対する波束の振舞いについては，「量子力学の基礎」（北野正雄著，共立出版）の 11 章で議論されているので，参照してほしい．

7.5　確率密度と連続の式

最後に，シュレーディンガー方程式に従う粒子の存在確率がどのように時間的に変化するのかについて調べよう．ここでは議論を簡単にするために，ポテンシャル $V(x)$ のもとでの粒子の運動を記述する 1 次元のシュレーディンガー方程式

$$-\frac{\hbar^2}{2m}\frac{\partial^2}{\partial x^2}\psi(x,t) + V(x)\psi(x,t) = \mathrm{i}\hbar\frac{\partial}{\partial t}\psi(x,t) \tag{7.28}$$

に従う粒子について考える．

いま，**確率密度** $\rho(x,t)$ を次のように定義する．

$$\rho(x,t) \equiv |\psi(x,t)|^2 \tag{7.29}$$

$\rho(x,t)$ は値として 0 以上の実数をもつ関数である．また，$\rho(x,t)\Delta x$ は，ある時刻 t において，位置 x における微小区間 Δx に粒子が存在する確率を表している．たとえば，時刻 t において，区間 $[a,b]$ の間に粒子が存在する確率は次の式で与えられる．

$$\int_a^b \rho(x,t)\,\mathrm{d}x \tag{7.30}$$

式 (2.17) でも見たように，粒子の存在確率を全空間で積分すると，どの時刻においても常に 1 になる．すなわち確率の保存則から，

$$\int_{-\infty}^{\infty} \rho(x,t)\,\mathrm{d}x = 1 \tag{7.31}$$

が得られる．

では，それぞれの位置における確率密度の時間変化が，どのように定式化されるかを調べてみよう．

$\rho(x,t)$ の時間に関する偏微分は，式 (7.29) を代入すると次のようになる．

$$\frac{\partial}{\partial t}\rho(x,t) = \frac{\partial}{\partial t}\big\{\psi^*(x,t)\psi(x,t)\big\} \tag{7.32}$$

$$= \psi^*(x,t)\frac{\partial}{\partial t}\psi(x,t) + \left(\frac{\partial}{\partial t}\psi^*(x,t)\right)\psi(x,t) \tag{7.33}$$

ここで，式 (7.28) より，

$$\frac{\partial}{\partial t}\psi(x,t) = \frac{\mathrm{i}\hbar}{2m}\frac{\partial^2}{\partial x^2}\psi(x,t) - \frac{\mathrm{i}}{\hbar}V(x)\psi(x,t) \tag{7.34}$$

となり，これを式 (7.33) に代入すると，その右辺は次のように変形できる．

$$\begin{aligned}
\frac{\partial}{\partial t}\rho(x,t) &= \psi^*(x,t)\left(\frac{\mathrm{i}\hbar}{2m}\frac{\partial^2}{\partial x^2}\psi(x,t) - \frac{\mathrm{i}}{\hbar}V(x)\psi(x,t)\right) \\
&\quad + \left(\frac{-\mathrm{i}\hbar}{2m}\frac{\partial^2}{\partial x^2}\psi^*(x,t) + \frac{\mathrm{i}}{\hbar}V(x)\psi^*(x,t)\right)\psi(x,t) \\
&= \frac{\mathrm{i}\hbar}{2m}\left\{\psi^*(x,t)\left(\frac{\partial^2}{\partial x^2}\psi(x,t)\right) - \left(\frac{\partial^2}{\partial x^2}\psi^*(x,t)\right)\psi(x,t)\right\} \\
&= \frac{\mathrm{i}\hbar}{2m}\frac{\partial}{\partial x}\left\{\psi^*(x,t)\left(\frac{\partial}{\partial x}\psi(x,t)\right) - \left(\frac{\partial}{\partial x}\psi^*(x,t)\right)\psi(x,t)\right\} \\
&= -\frac{\partial}{\partial x}j(x,t) \tag{7.35}
\end{aligned}$$

ここで，$j(x,t)$ は**確率流密度**や**確率密度の流れ**と呼ばれ，次のように定義される．

$$j(x,t) \equiv -\frac{\mathrm{i}\hbar}{2m}\left\{\psi^*(x,t)\left(\frac{\partial}{\partial x}\psi(x,t)\right) - \left(\frac{\partial}{\partial x}\psi^*(x,t)\right)\psi(x,t)\right\} \tag{7.36}$$

式 (7.35) から，次の式が得られる．

$$\frac{\partial}{\partial t}\rho(x,t) + \frac{\partial}{\partial x}j(x,t) = 0 \tag{7.37}$$

この式は，**連続の式**（equation of continuity）と呼ばれる．

次に，この式が連続の式と呼ばれる理由を説明しよう．式 (7.37) を，区間 $[a,b]$ で積分すると次のようになる．

$$\frac{\partial}{\partial t}\int_a^b \rho(x,t)\,\mathrm{d}x = -\int_a^b \left(\frac{\partial}{\partial x}j(x,t)\right)\mathrm{d}x \tag{7.38}$$

$$= j(a,t) - j(b,t) \tag{7.39}$$

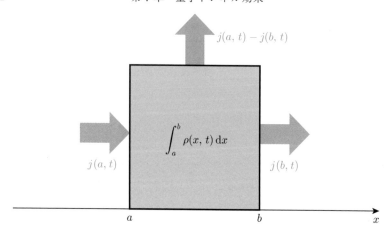

図 7.7 連続の式の説明図. ある区間における存在確率の時間変化は, 点 a での存在確率の流れから, 点 b での存在確率の流れを差し引いたものに等しい.

左辺は, 式 (7.30) で説明した区間 $[a, b]$ に粒子が存在する確率の, 時間変化を表している. 一方, 右辺に現れている $j(x, t)$ が, 点 x における「粒子の存在確率」が x 軸の正の向きに流れている大きさ（確率密度の流れ）を表す.

このため, 式 (7.39) は,「区間 $[a, b]$ に粒子が存在する確率」の時間変化が, 点 a における左から流入する「確率密度の流れ」から, 点 b における右側に向かって流出する「確率密度の流れ」を差し引いた, $j(a, t) - j(b, t)$ で与えられることを示している（図 **7.7**）.

7.5.1 3 次元空間での連続の式

3 次元空間においては, 確率流密度は次の式で与えられる.

$$\boldsymbol{j}(\boldsymbol{r}, t) \equiv -\frac{\mathrm{i}\hbar}{2m} \left\{ \psi^*(\boldsymbol{r}, t)\big(\nabla\psi(\boldsymbol{r}, t)\big) - \big(\nabla\psi^*(\boldsymbol{r}, t)\big)\psi(\boldsymbol{r}, t) \right\} \quad (7.40)$$

$$\nabla\psi(\boldsymbol{r}, t) \equiv \left(\frac{\partial}{\partial x}\psi(\boldsymbol{r}, t), \frac{\partial}{\partial y}\psi(\boldsymbol{r}, t), \frac{\partial}{\partial z}\psi(\boldsymbol{r}, t) \right) \quad (7.41)$$

ここで, ∇ は**ナブラ**と呼ばれるベクトル微分演算子である. 物理的には, 関数の変化が最大となる方向とその傾きを表すため, グラディエント（gradient）とも呼ばれる.

3 次元空間における連続の式は, 次のようになる.

$$\frac{\partial}{\partial t}\rho(\boldsymbol{r},t) + \nabla \cdot \boldsymbol{j}(\boldsymbol{r},t) = 0 \qquad (7.42)$$

● **7章のまとめ** _____

本章では，まず量子論特有の現象の代表例であるトンネル効果について調べた．最初に，トンネル効果は単に現象として興味深いだけでなく，原子レベルの解像度をもつ走査型トンネル顕微鏡や，量子コンピュータの基本素子などでも活用されていることを述べた．次に，時間に依存しない1次元のシュレーディンガー方程式を用いて，粒子のポテンシャル障壁に対する透過率，反射率を求めた．さらに，この計算結果と，波束を用いた解析の関係について簡単に説明した．

さらに，確率密度に関する連続の式について説明した．ある区間における存在確率の時間変化は，その区間に流入および流出する確率密度の流れの総和に等しいことが分かった．

このように，アルカリ原子のもつエネルギー準位という，極めて限定された物理量を対象としていた前期量子論（1章）が，任意のポテンシャルをもつ自由な空間での粒子の振舞いを記述できる「シュレーディンガー方程式」へと拡張され（2章），3章から7章まで，様々なポテンシャルに対してシュレーディンガー方程式を計算し，量子力学に従う粒子のもつ，古典力学での直観と反する様々な性質を調べてきた．一方，位置や運動量の期待値の振舞いは，古典力学の予測と一致する場合があることについても見てきた．

しかし，これまでみたシュレーディンガー方程式で扱ってきたのは，すべて「1つの粒子」が，特定のポテンシャルのもとでどのような「位置」や「運動量」をもつか，という問題であった．一方，私達の暮らすこの世界では，「位置」と「運動量」以外にも様々な「物理量」が存在する．また，粒子の数も1つとは限らない．

次の章からは，シュレーディンガー方程式とは異なる，あるいは包摂する，より一般的な数学的な枠組みを導入する．そして，その数学的な枠組みを基礎として，これまで調べてきた量子の重要な特徴である「不確定性関係」などの性質について学ぶ．

演習 7.1　いま, 波動関数 $\psi(x,t)$ が, 実関数であるエンベロープ関数 $f(x)$ により, $\psi(x,t) = f(x)\exp\{\mathrm{i}(kx - \omega t)\}$ で与えられるとする. このとき, 確率流密度 $j(x,t)$ を求め, 物理的な解釈を述べよ.

量子力学の一般化

　前章までは，波動関数と微分方程式（シュレーディンガー方程式）を用いて，様々なポテンシャル中での１個の量子の振舞いについて，位置や運動量，エネルギーを中心に議論してきた．その中で，異なるエネルギー固有値に属する波動関数の直交性や，不確定性関係についても，具体的な例を観察する形で学んできた．一方で，電子や光子などの量子は，「位置」，「運動量」などの力学的な物理量以外にも，スピンや偏光などの自由度をもつことが知られている．また，量子の間の相互作用や相関について調べようとすると，複数個の量子を取り扱うことが必要になる．このために本章では，量子力学の一般化を行う．最初に一般化が必要となる理由を述べた後，ヒルベルト空間ならびにディラックのブラ・ケット表記法について説明する．そして，正規直交基底や演算子について触れた後，ヒルベルト空間を用いた量子力学の記述方法を導入する．

8.1　量子力学を一般化する

8.1.1　量子力学を一般化する必要性

　著者が初めて量子力学を学んだときに，非常に混乱したのが，量子力学では様々な表現方法が用いられることだった．力学は基本的に微分方程式であり，電磁気学も，ベクトルに関する微分演算子などが導入されるが，どの教科書をみても出てくる数式はおおよそ同じである．たとえば，電磁気学の複数の教科書のそれぞれの中で，「マクスウェル方程式を用いて，自由空間中を伝搬する電磁波の方程式を導出している部分」を探し出すことは比較的容易だろう．しかし，量子力学に関しては，まったく事情が異なる．有名なメシアによるものを始めとする多くの量子力学の教科書では，これまでの章で見たようなシュレーディンガー方程式を用いた説明がなされている．一方で，ディラックによるものを筆頭にして，本書でもこの後導入するヒルベルト空間やブラ・ケット表記

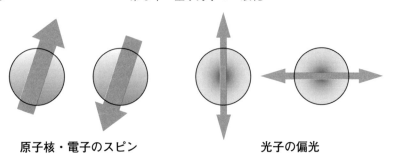

原子核・電子のスピン　　　　　　　　　光子の偏光

図 8.1　量子のもつ様々な自由度の例

を用いて記述する教科書も多い．これらの 2 つの流儀の間では，全く異なる表記方法が使われていて，いったい同じトピックの話をしているのかどうかすら，分からない場合もある．また，シュレーディンガー方程式で説明する教科書では，「行列を用いた表現」の簡単な導入だけが行われる場合もあるが，何のために別の表現を導入するのかが理解しにくい．まるで，互いに通じない方言が多く存在する世界のようである．このことも，量子力学を学ぶことのハードルを高くしているように思う．もしも，読者がこれまでに戸惑ったことがあったとしても，やむを得ないと思う．

　ヒルベルト空間とブラ・ケット表記を用いるのは何故だろう．その 1 つの理由は，量子には様々な自由度が存在することである（**図 8.1**）．原子核や電子は「**スピン**」という内部自由度をもつ．また，光子も同様に「**偏光**」の自由度をもち，これはスピン自由度の一種である．このような量子の自由度がどのように変化するかを記述するには，これまで学んだ波動関数と微分方程式よりも，ヒルベルト空間とブラ・ケット表記のほうが扱いやすい．また，他の理由としては，量子の普遍的な性質をより抽象的に議論，表現しやすいことが挙げられる．このことは，量子力学を電磁場などへ応用した「場の量子論」や，「量子情報理論」において，ブラ・ケット表記が主に使われていることにも表れている．

8.1.2　波動関数の世界とユークリッド空間の対比

　それでは，7 章までに学んできた，波動関数の性質について振り返ってみよう．

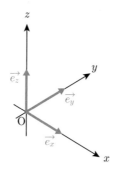

図 8.2 3 次元ユークリッド空間と基底ベクトル

　まず，粒子がどこかに必ず存在するための条件として，波動関数は規格化されている．

$$\int |\psi(x)|^2 \, \mathrm{d}x = 1 \tag{8.1}$$

次に，3 章の式 (3.17) で見たように，異なる量子数 n に属する波動関数は直交している．

$$\int_{-\infty}^{+\infty} \psi_m^*(x)\psi_n(x) \, \mathrm{d}x = \delta_{n,m} \tag{8.2}$$

なお，式 (8.2) には，式 (8.1) の規格化も含まれている．このような ψ_n の組のことを，**規格直交系**または**正規直交系**と呼ぶ．

　そして，6 章の式 (6.15) で定義した運動量演算子

$$\widehat{p} = -\mathrm{i}\hbar\frac{\mathrm{d}}{\mathrm{d}x} \tag{8.3}$$

および，運動エネルギーと位置エネルギー $V(x)$ を合わせた量である**ハミルトニアン**を表す演算子 $\widehat{H}$ を，2 章の式 (2.35) を参考に次のように定義する．

$$\widehat{H} = \frac{\widehat{p}^2}{2m} + V(x) \tag{8.4}$$

すると，シュレーディンガー方程式は次式で表される．

$$\widehat{H}\psi_n(x) = E_n\psi_n(x) \tag{8.5}$$

　ところで，図 **8.2** に 3 次元ユークリッド空間を示した．ここで，$\vec{e_x}, \vec{e_y}, \vec{e_z}$ は，大きさ 1 に規格化された基底ベクトルである．なお，本章では，分かりや

すくするために，ユークリッド空間中のベクトルや一部のヒルベルト空間のベクトルについて，この矢印付きのベクトル記号を用いている．

このとき，演算子 $\widehat{A}$，ベクトル $\vec{x}$ を次のように定義する．

$$\widehat{A} = \begin{pmatrix} a_{11} & a_{12} & a_{13} \\ a_{21} & a_{22} & a_{23} \\ a_{31} & a_{32} & a_{33} \end{pmatrix}, \quad \vec{x} = \begin{pmatrix} x \\ y \\ z \end{pmatrix} \tag{8.6}$$

そのとき，演算子の固有値を λ とすると，固有値方程式は次のように表される．

$$\widehat{A}\vec{x} = \lambda\vec{x} \tag{8.7}$$

式 (8.5) と式 (8.7) を見比べると，シュレーディンガー方程式 (8.5) が固有値方程式 (8.7) によく似ていることがわかる．つまり，ハミルトニアン $\widehat{H}$ がユークリッド空間の演算子 $\widehat{A}$ に，エネルギー固有値 E_n が固有値 λ に，また固有状態の波動関数 $\psi_n(x)$ が固有ベクトル $\vec{x}$ に対応している．また，式 (8.2) の左辺は，$\psi_n(x)$ と $\psi_m(x)$ の間での内積と考えれば，異なる固有値に属する固有ベクトルが互いに直交し，また固有ベクトルの大きさはすべて 1 に規格化されていることに対応している．

一方で，ユークリッド空間との違いもいろいろ見出すことができる．1つは，3次元ユークリッド空間の場合には，基底ベクトルの数は 3 であるのに対して，式 (8.5) の n は 3 以上，場合によっては無限大までとり得る．また，井戸型ポテンシャルに閉じ込められた量子の場合には，固有値は離散的な値をとったが，自由空間においては固有値は連続的な値をとることもある．もう 1 つ重要な違いとして，ベクトルの要素や係数が，複素数をとり得ることがある．

8.2 ヒルベルト空間

ユークリッド空間を一般化した空間が，ここで紹介する**ヒルベルト空間**である．ヒルベルト空間とは，ユークリッド空間と同様に「距離」や「内積」などが定義されていて，線形代数学などの方法論を，任意の有限次元，または無限次元に拡張して適用することができる抽象的な空間である．提唱した数学者のダフィット ヒルベルト（David Hilbert）は，「数学の父」と呼ばれるドイツの数学者で，第 2 次世界大戦の最中の 1942 年に亡くなっている．ヒルベルト空間が発案されたのは，1900 年から 1910 年頃，ちょうど量子力学の誕生の直前

であることも興味深い．ヒルベルト空間は次のように定義される（内積空間や完備性の定義について詳細は数学の本を参照されたい）．

> H がヒルベルト空間であるとは，H は実または複素内積空間であって，さらに内積によって誘導される距離関数に関して，完備距離空間をなすことをいう．

以下，具体的に見ていこう．なお，ヒルベルト空間は，ユークリッド空間の概念を拡張したものであり，その1つとしてユークリッド空間を含む．少し数学的な記述が続くが，慣れ親しんだユークリッド空間を思い浮かべながら，見ていってほしい．

8.2.1 複素ヒルベルト空間

x, y, z を H の元（要素）とし，a, b を複素数とする．元 x と元 y の間の**内積**は (x, y) と表され，複素数値をとり，また次の性質をもつ．なお，c^* は，ある複素数 c の複素共役を表す．

$$(x, y)^* = (y, x) \tag{8.8}$$

$$(ax + by, z) = a(x, z) + b(y, z) \tag{8.9}$$

式 (8.9) は**線形性**と呼ばれる．また，任意の $x \in H$ に対し，次の条件を課す．

$$(x, x) \geq 0 \tag{8.10}$$

次に，x の**ノルム** $\|x\|$ と，元 x, y の**距離** $d(x, y)$ は下記のように定義される．

$$\|x\| \equiv \sqrt{(x, x)} \tag{8.11}$$

$$d(x, y) \equiv \|x - y\| \tag{8.12}$$

8.2.2 複素ヒルベルト空間の行列表示

では次に，2次元のヒルベルト空間を例として，もう少し具体的に見てみよう．2次元のヒルベルト空間の元を $\vec{a}, \vec{b}$ とする．なお，ここでは表記の紛らわしさを避けるために，ベクトル記号を用いている．$\vec{a}, \vec{b}$ は，2次元ユークリッド空間と同様に行列で表すことができる．このような表し方のことを，**行列表示**（matrix representation）と呼ぶ．

$$\vec{a} = \begin{pmatrix} a_1 \\ a_2 \end{pmatrix}, \quad \vec{b} = \begin{pmatrix} b_1 \\ b_2 \end{pmatrix} \tag{8.13}$$

ここで，**C** を複素数全体の集合として，$a_1, a_2, b_1, b_2 \in \mathbf{C}$ である．このとき，$\vec{a}$ と $\vec{b}$ の内積は次のように表される．

$$(\vec{a}, \vec{b}) = a_1 b_1^* + a_2 b_2^* \tag{8.14}$$

$$= (b_1^* \quad b_2^*) \begin{pmatrix} a_1 \\ a_2 \end{pmatrix} \tag{8.15}$$

まず，式 (8.14) が式 (8.15) と整合していることを確認してほしい．式 (8.15) は，左側の行ベクトルと，右側の列ベクトルを用いて表したものである．このように，行ベクトルと列ベクトルを組み合わせることで，複素ヒルベルト空間の内積を自然に表すことができる．行列表示については，後に 8.6 節で詳しく説明する．

8.2.3　ディラックのブラ・ケット表記法

次に，ポール ディラック（Paul Dirac）によって提案・導入された，**ブラ・ケット**表記法を導入する．ディラックは，量子力学と特殊相対性理論とを統合したディラック方程式を導き，1933 年のノーベル賞を受賞した，素晴らしい研究者であり，彼の著書「The principles of quantum mechanics」は，量子力学の教科書として名高い．その中で導入されたのがここで説明する表記法である．場の量子論や量子情報理論なども含め，現在幅広く用いられており，いわば量子論の標準語的な存在である．

このようにブラ・ケット表記法が幅広く用いられているのは，8.2.1 項で用いたような，数学でよく用いられている表記法よりも様々な利点があるためである．ただ，その利点を実感していただくには，まずはブラ・ケット表記の「いろは」を知っていただく必要がある．数学的な定義の導入が続くが，もう少し頑張ってほしい．

式 (8.15) の列ベクトル $\vec{a}$ に相当するものを，**ケットベクトル**（ket vector）と呼び，$|a\rangle$ と表す．また，行ベクトル $(\vec{b^*})^T$ に相当するものを，**ブラベクトル**（bra vector）と呼び，$\langle b|$ と表す．すると，内積は次のように表される．

$$\langle b|a\rangle \equiv (|a\rangle, |b\rangle) \tag{8.16}$$

ちなみに，ブラ（bra）やケット（ket）とディラックが名付けたのは，英語で括弧のことを bracket と呼ぶことから来ている．

8.2.1 項と同様に，以下の式が成り立つ．

$$\alpha(|a\rangle + |b\rangle)) = \alpha |a\rangle + \alpha |b\rangle \tag{8.17}$$

$$\langle a|b\rangle = \langle b|a\rangle^* = c \tag{8.18}$$

ここで α, c は複素数の定数である．また，$|a\rangle$ と $|b\rangle$ が**直交**（orthogonal）しているとき，

$$\langle a|b\rangle = 0 \tag{8.19}$$

である．

また，式 (8.10) と同様，内積は 0 以上の実数値であるという条件を課す．つまり r を実数として，

$$\langle a|a\rangle = \langle a|a\rangle^*$$
$$= r \geq 0 \tag{8.20}$$

$|a\rangle$ のノルムは次のようにかける．

$$\| \, |a\rangle \, \| = \sqrt{\langle a|a\rangle} \geq 0 \tag{8.21}$$

また，自らとの内積が 0 であるケットを，ゼロケット $|0\rangle$ と定義する．

$$\langle 0|0\rangle = 0 \tag{8.22}$$

8.2.4 ケットベクトルとブラベクトルの関係

ここで，ケットベクトルとブラベクトルの関係について少し見てみよう．$|a\rangle$ が与えられると，それに対応する $\langle a|$ は 1 つ定まるが，$|a\rangle$ と $\langle a|$ は同一ではない．このようなケットベクトルとブラベクトルの関係を**双対関係**と呼び，次のように表す．

$$|a\rangle \leftrightarrow \langle a| \tag{8.23}$$

では，c を複素数として，$c|a\rangle$ と双対なブラベクトルは何だろうか．答えを先にかくと，次のようになる．

$$c|a\rangle \leftrightarrow c^* \langle a| \tag{8.24}$$

この証明を以下に示す．

[証明]

$$c\,|a\rangle = |x\rangle \tag{8.25}$$

とおくと，あるブラベクトル $\langle b|$ に対して次の式が成り立つ．

$$\langle b|x\rangle = \langle b|(c|a\rangle) = c\,\langle b|a\rangle \tag{8.26}$$

いま，ある複素数 d に対して，次の式が成り立つとする．

$$\langle x| = d\,\langle a| \tag{8.27}$$

このとき，

$$\langle x|b\rangle = d\,\langle a|b\rangle \tag{8.28}$$

すると，$\langle b|x\rangle$ は次のように変形できる．

$$
\begin{aligned}
\langle b|x\rangle &= \langle x|b\rangle^* \\
&= d^*\,\langle a|b\rangle^* \\
&= d^*\,\langle b|a\rangle
\end{aligned} \tag{8.29}
$$

式 (8.26) と式 (8.29) を比較すると $d^* = c$，すなわち $d = c^*$. 　□

　このブラベクトルとケットベクトルの双対関係は，鏡で照らし合わされた，鏡像の関係に例えられることもある．その間を対応づける鍵が，ブラとケットの内積になる．初めて学ぶときには違和感があるかもしれないが，次第に慣れるので安心してほしい．

8.2.5　ヒルベルト空間の次元と基底

　n 個のベクトルの組 $\{|v_1\rangle, |v_2\rangle, \cdots, |v_n\rangle\}$ に対して，

$$c_1\,|v_1\rangle + c_2\,|v_2\rangle + \cdots + c_n\,|v_n\rangle = 0 \tag{8.30}$$

となる $c_1, c_2, \cdots, c_n$ が，$c_1 = c_2 = \cdots = c_n = 0$ 以外存在しないとき，これらのベクトルは**線形独立**であるという．また，そのような $c_1, c_2, \cdots, c_n$ が存在するとき，これらのベクトルは**線形従属**であるという．

　そして，ヒルベルト空間 H の線形独立なベクトルの数の最大値 n を，H の**次元**（dimension）と呼び，次のように表す．

$$\dim H = n \tag{8.31}$$

ここで，具体的な例として，図 **8.2** に示した 3 次元ユークリッド空間を考えてみよう．この場合，任意のベクトルが $\vec{e_x}, \vec{e_y}, \vec{e_z}$ という 3 個のベクトルの線形和で表されることから明らかなように，線形独立なベクトルの最大数は 3 である．よって，この空間の次元は 3 となる．

これと同様に，次元が n のヒルベルト空間 H の任意のベクトルは，n 個の線形独立なベクトルの組を用いて，1 通りに表せる．

$$|x\rangle = c_1 |v_1\rangle + c_2 |v_2\rangle + \cdots + c_n |v_n\rangle \tag{8.32}$$

この n 個の線形独立なベクトルの組

$$\{|v_1\rangle, |v_2\rangle, \cdots, |v_n\rangle\}$$

を**基底**（basis）と呼ぶ．特に，

$$\langle v_i|v_j\rangle = \delta_{i,j} \tag{8.33}$$

を満たす場合，**正規直交基底**（orthonormal basis）と呼ぶ．また，ゼロでない任意のベクトルは，そのノルムで割ることにより大きさを 1 にすることができる．この操作を**正規化**または**規格化**（normalization）と呼ぶ．

$$|a\rangle \rightarrow \frac{1}{\sqrt{\langle a|a\rangle}} |a\rangle \tag{8.34}$$

8.2.6 正規直交基底の生成方法

ここでは，**グラム–シュミットの方法**（Gram–Schmidt orthonormalization）と呼ばれる，任意の基底 $\{|b_i\rangle\}$ から，正規直交基底 $\{|v_i\rangle\}$ を生成する方法を紹介する．

グラム–シュミットの方法

(1) $|b_1\rangle$ を規格化したものを $|v_1\rangle$ とする．

$$|v_1\rangle = \frac{|b_1\rangle}{\sqrt{\langle b_1|b_1\rangle}} \tag{8.35}$$

(2) 次式で与えられる $|v_2'\rangle$ と，$|v_1\rangle$ は直交している．

$$|v_2'\rangle = |b_2\rangle - \langle v_1|b_2\rangle |v_1\rangle \tag{8.36}$$

(3) $|v_2'\rangle$ を規格化したものを $|v_2\rangle$ とする.

$$|v_2\rangle = \frac{|v_2'\rangle}{\sqrt{\langle v_2'|v_2'\rangle}} \tag{8.37}$$

(4) 次式で与えられる $|v_k'\rangle$ と, $|v_1\rangle, \cdots, |v_{k-1}\rangle$ は直交している (演習問題 8.5).

$$|v_k'\rangle = |b_k\rangle - \sum_{i=1}^{k-1} \langle v_i|b_k\rangle |v_i\rangle \tag{8.38}$$

(5) $|v_k'\rangle$ を規格化したものを $|v_k\rangle$ とする.

(6) 以上を繰り返すことで, 正規直交基底 $\{|v_i\rangle\}$ が得られる.

8.3 ヒルベルト空間における演算子

8.3.1 演算子と交換関係

ここまで, ヒルベルト空間におけるベクトルの, 線形性や内積などの基本的な概念, ならびに次元, 基底などを見てきた. 次に, ヒルベルト空間を操作するための演算子について定義する.

ヒルベルト空間 H から H への線形写像を, **演算子** (operator) と呼ぶ. **作用素**や, **オペレータ**とも呼ばれる. 演算子は次のような性質をもつ. いま, $\widehat{A}$, $\widehat{B}$ を演算子とすると, 線形写像であるため次の式が成り立つ.

$$\widehat{A}(c_1|a\rangle + c_2|b\rangle) = c_1\widehat{A}|a\rangle + c_2\widehat{A}|b\rangle \tag{8.39}$$

$$(\widehat{A} + \widehat{B})|a\rangle = \widehat{A}|a\rangle + \widehat{B}|a\rangle \tag{8.40}$$

ここで c_1, c_2 は複素数である. また, **恒等演算子** $\widehat{I}$ および**ゼロ演算子** $\widehat{O}$ は, 任意の $|a\rangle$ に対して次の性質をもつ.

$$\widehat{I}|a\rangle = |a\rangle \tag{8.41}$$

$$\widehat{O}|a\rangle = |0\rangle \tag{8.42}$$

次に, 演算子 $\widehat{A}, \widehat{B}$ の積 $\widehat{A}\widehat{B}$ は, 次のように定義される.

$$\widehat{A}\widehat{B}|a\rangle \equiv \widehat{A}(\widehat{B}|a\rangle) \tag{8.43}$$

なお，一般には

$$\widehat{A}\widehat{B} \neq \widehat{B}\widehat{A} \tag{8.44}$$

である．また，次のように定義される括弧式（[,]）のことを**交換子**（commutator）と呼ぶ．

$$[\widehat{A}, \widehat{B}] \equiv \widehat{A}\widehat{B} - \widehat{B}\widehat{A} \tag{8.45}$$

また，$\widehat{A}\widehat{B} = \widehat{B}\widehat{A}$，すなわち $[\widehat{A}, \widehat{B}] = \widehat{O}$ のとき，$\widehat{A}$ と $\widehat{B}$ は**交換可能**，または「交換する」という．

8.3.2 共役演算子とエルミート演算子

8.2.4 項では，ケットベクトルとブラベクトルの間の双対関係について調べた．ここでは，演算子について考えよう．ある演算子 $\widehat{A}$ が与えられたとき，任意のケット $|a\rangle, |b\rangle$ について，

$$(\widehat{A}|a\rangle, |b\rangle) = (|a\rangle, \widehat{A}^\dagger |b\rangle) \tag{8.46}$$

となるような $\widehat{A}^\dagger$ を，$\widehat{A}$ の**共役演算子**（conjugate operator）と呼ぶ．なお，演算子を行列で表現した場合，$\widehat{A}^\dagger$ は，$\widehat{A}$ の複素共役を転置した行列（エルミート共役）に等しい．

$$\widehat{A}^\dagger = \left(\widehat{A}^*\right)^T \tag{8.47}$$

また，次の式が成り立つ（演習問題 8.1, 8.2）．

$$(c\widehat{A})^\dagger = c^* \widehat{A}^\dagger \tag{8.48}$$

$$(\widehat{A}\widehat{B})^\dagger = \widehat{B}^\dagger \widehat{A}^\dagger \tag{8.49}$$

特に，$\widehat{A}^\dagger = \widehat{A}$ を満たす演算子を，**エルミート演算子**（Hermitian operator）と呼ぶ．このエルミート演算子は，後の 8.5 節で見るように量子力学では非常に重要な概念である．

8.3.3 固有値と固有状態

次に，固有値と固有状態について説明する．

$|a\rangle \neq |0\rangle$ に対して，α を複素数として

$$\widehat{A}\,|a\rangle = \alpha\,|a\rangle \tag{8.50}$$

が成り立つとき, α を**固有値**（eigenvalue）, $|a\rangle$ を**固有ベクトル**（eigenvector）または**固有状態**（eigenstate）と呼ぶ. なお, 演習問題 8.3 で見るように, エルミート演算子の固有値は実数値をとる.

8.3.4 ベクトルの外積

次に, ベクトルの**外積**（outer product）について説明する. なお, 以下で説明する外積演算子は, 線形代数やベクトル解析で習った $\vec{w} \times \vec{v}$ とは異なるので注意してほしい.

あるケットベクトル $|w\rangle$ とブラベクトル $\langle v|$ の外積演算子 $|w\rangle\langle v|$ を

$$(|w\rangle\langle v|)\,|a\rangle \equiv |w\rangle\,(\langle v|a\rangle) \tag{8.51}$$

$$= |w\rangle\langle v|a\rangle = \langle v|a\rangle\,|w\rangle \tag{8.52}$$

と定義する. ここで, $|a\rangle$ は任意のケットベクトルであり, 内積 $\langle v|a\rangle$ は複素数であることに注意してほしい. まず, 式 (8.51) のように, 外積演算子 $|w\rangle\langle v|$ は, 与えられたケットベクトルを, $|w\rangle$ と平行で, その大きさ（振幅）が $|w\rangle$ の $\langle v|a\rangle$ 倍であるようなケットベクトルに変換する働きをもつ.

また, 外積を $|w\rangle\langle v|$ と表すことで, 式 (8.51) の左辺および右辺の括弧を省略し, 式 (8.52) 中央のように表すことができるのが, ブラ・ケット表記の大きな特徴である.

もう少し詳しく説明すると, $|w\rangle\langle v|a\rangle$ は「$|a\rangle$ に, 演算子 $|w\rangle\langle v|$ が左からかかったもの」とも, 「$|w\rangle$ に, 複素数 $\langle v|a\rangle$ がかかったもの」とも解釈できる. この 1 つの式を, 矛盾無しに多義的に解釈可能であることは, 初めは戸惑うかもしれないが, この後学ぶように, ブラ・ケット形式の大きな利点である. この多義性については, 章末の演習問題 8.6 で確認してほしい.

8.3.5 射 影 演 算 子

いま, $|a\rangle$ が, 正規直交基底 $\{|v_i\rangle\}$ を用いて次のように表されているとする.

$$|a\rangle = \sum_{i=1}^{n} c_i\,|v_i\rangle$$

$$= c_1 |v_1\rangle + c_2 |v_2\rangle + \cdots + c_n |v_n\rangle \tag{8.53}$$

このとき,

$$\widehat{P}_i = |v_i\rangle\langle v_i| \tag{8.54}$$

は, **射影演算子**(projection operator)と呼ばれる. この射影演算子を, $|a\rangle$ に左から施すと,

$$\widehat{P}_i |a\rangle = (|v_i\rangle\langle v_i|) |a\rangle = c_i |v_i\rangle \tag{8.55}$$

となり, ちょうど式 (8.53) の, 様々な基底ベクトルの重ね合わせ状態から, $|v_i\rangle$ の部分を係数ごと抜き出したものになっている. 次に, 射影演算子 $\widehat{P}_i$ をすべての i に対して足し合わせた演算子を, $|a\rangle$ に施すとどうなるだろうか.

$$\begin{aligned} \left(\sum_{i=1}^{n} \widehat{P}_i\right) |a\rangle &= \left(\sum_{i=1}^{n} |v_i\rangle\langle v_i|\right) |a\rangle \\ &= \sum_{i=1}^{n} c_i |v_i\rangle \\ &= |a\rangle \end{aligned} \tag{8.56}$$

ここで最後の変形は, 式 (8.53) を用いた. まとめると次のようになる.

$$\sum_{i=1}^{n} \widehat{P}_i = \sum_{i=1}^{n} |v_i\rangle\langle v_i| = \widehat{I} \tag{8.57}$$

このように, すべての正規直交基底に対する射影演算子の総和は, 恒等演算子に等しい. このことを利用して, 恒等演算子である $\sum_{i=1}^{n} |v_i\rangle\langle v_i|$ を, ブラ・ケット形式で書かれた式の途中に挿入して変形を行うことは, 非常によくある. とても便利な関係式なので, よく覚えておいてほしい.

8.3.6 ユニタリ演算子と系の時間発展

ユニタリ演算子(unitary operator)とは, 自分自身と共役な演算子との積が, 式 (8.41) で導入した恒等演算子 $\widehat{I}$ になるような演算子 $\widehat{U}$ を指す. すなわち,

$$\widehat{U}^\dagger \widehat{U} = \widehat{U}\widehat{U}^\dagger = \widehat{I} \tag{8.58}$$

このユニタリ演算子を，任意のケットベクトル $|a\rangle$, $|b\rangle$ に施しても，それらの内積は変化しない．

$$\left(\langle a|\,\widehat{U}^{\dagger}\right)\left(\widehat{U}\,|b\rangle\right) = \langle a|b\rangle \tag{8.59}$$

この式から，直ちに次の式も導かれる．

$$\left(\langle a|\,\widehat{U}^{\dagger}\right)\left(\widehat{U}\,|a\rangle\right) = \langle a|a\rangle \tag{8.60}$$

このことから，ユニタリ演算子は，状態ベクトルの大きさを保存することがわかる．

また，2 つの正規直交基底 $\{|v_i\rangle\}$ と $\{|w_i\rangle\}$ は，次のユニタリ変換により変換することができる．

$$\widehat{U} = \sum_{i=1}^{n} |v_i\rangle\langle w_i| \tag{8.61}$$

なお次の章で詳しく説明するように，時刻 t_1 における，閉じた量子系の状態 $|\psi\rangle$ が，時刻 t_2 で状態 $|\psi'\rangle$ に変化するとき，その状態変化は，ユニタリ演算子で次の形に記述される．

$$|\psi'\rangle = \widehat{U}\,|\psi\rangle \tag{8.62}$$

8.4 連続的な基底とディラックのデルタ関数

ここまでの説明では，式 (8.32) や式 (8.33) で表される，離散的な基底をもつヒルベルト空間について説明してきた．しかし，波動関数が局所的に束縛されない場合，エネルギー固有値は連続値をもつ．このときには，対応する基底も連続的である．ほかに，位置や運動量なども，その固有値は連続的な値をとり得る．ここでは，これまでの議論をそのような連続的な固有値にも対応できるように拡張する．

なお，この「連続的な基底」の概念は，ユークリッド空間で親しんできた「離散的な基底」と異なっており，また対応する行列表示も存在しないなど，初めてヒルベルト空間を勉強する際にはかなり戸惑うと思われる．その場合は，この 8.4 節を読み飛ばして先に進み，ヒルベルト空間やブラ・ケット表記などにも慣れたあとで，再度学習することをお勧めする．

8.4.1　連続的な固有値と固有ベクトル

　この連続的な基底をもつヒルベルト空間のイメージについて，もう少し説明しよう．これまでの，離散的な基底をもつヒルベルト空間は，ユークリッド空間の次元が増えたもの，というイメージだった．この次元を増やすと，無限大の次元まで扱うことができる．このようなヒルベルト空間で記述できる系の例が，3章で扱った「1次元無限井戸型ポテンシャル」中に閉じ込められた量子である．この場合，式 (3.13) で与えられる無限個の固有値に対して，それぞれ固有関数が存在し，それらが式 (3.17) の関係を満たしていた．この固有関数に対応するのが固有ベクトル（固有ケットベクトル）である．これを，$|E_n\rangle$ と表そう．もっと具体的にいうと，E_n は n の自乗に比例するから，たとえば $E_n = 1, 4, 9, 16, \cdots$ という値をとると仮定すると，$|1\rangle , |4\rangle , |9\rangle , |16\rangle , \cdots$ と表すということである．「固有ベクトルの名前」を「家の表札」に，「エネルギー固有値」を「家の住人の名字」に例えると，この固有ベクトルの名前の付け方（表示のしかた）は，「家の表札に書く内容を，その家の住人の名字とする」ことに相当している．

　では，連続固有値に対する固有関数はどのようになるだろうか．2.5 節で見たように，自由空間ではエネルギー固有値 E は連続値をもつ．このような，連続的な固有値に対する固有関数に対応した固有ベクトルも，先ほどの離散的な場合と同じように $|E\rangle$ と表示することにしよう．より具体的に説明すれば，いまエネルギー固有値 E が $1 \leq E \leq 2$ だとすると，固有ベクトルは $|1\rangle$ に始まり，たとえば $|1.0000001\rangle$ などの有理数や $|\sqrt{2}\rangle$ などの無理数で表示された固有ベクトルも含めて，$|2\rangle$ まで，実数として稠密な連続性をもちつつ存在する，ということである．

　このような場合も扱えるように，これまでのヒルベルト空間の議論を拡張する必要がある．

8.4.2　ディラックのデルタ関数

　離散的なヒルベルト空間の議論を拡張するための数学的な準備として，ディラックによって提案された，**デルタ関数**を導入する．この関数は，**ディラック**

のデルタ関数（the Dirac delta function）とも呼ばれる．デルタ関数 $\delta(x)$ は，任意の実連続関数 $f(x)$ に対して，次の式を満たす関数として定義される．

$$\int_{-\infty}^{\infty} f(x)\delta(x)\,\mathrm{d}x = f(0) \tag{8.63}$$

これは，3章の式 (3.16) で導入したクロネッカーのデルタのもつ次の関係式の連続量への拡張となっている．

$$\sum_{i=-\infty}^{\infty} f_i \times \delta_{i,j} = f_j \tag{8.64}$$

なお，式 (8.63) において，$f(x) = 1$ とすると，次の重要な式が得られる．

$$\int_{-\infty}^{\infty} \delta(x)\,\mathrm{d}x = 1 \tag{8.65}$$

また，式 (8.63) の積分値が $f(0)$ にしかよらないことから，次の式が成り立つ．

$$x \neq 0 \quad \text{のとき} \quad \delta(x) = 0 \tag{8.66}$$

$$x = 0 \quad \text{のとき} \quad \delta(0) = +\infty \tag{8.67}$$

なお，デルタ関数は $x = 0$ で不連続でかつ無限大に発散していること，またそれにもかかわらず，式 (8.63) や式 (8.65) のように積分値が有限値をとることから，通常の「関数」と見なすことができず，**超関数**（generalized function）と呼ばれる．

　章末の演習問題 8.7 で確認するように，デルタ関数は次のような性質をもつ．

$$\delta(-x) = \delta(x) \tag{8.68}$$

$$x\delta(x) = 0 \tag{8.69}$$

$$\delta(ax) = \frac{\delta(x)}{|a|} \tag{8.70}$$

また，デルタ関数の具体的な表式の例として次のものがよく用いられる．

$$\delta(x) = \frac{1}{2\pi} \int_{-\infty}^{\infty} e^{\mathrm{i}kx}\,\mathrm{d}k \tag{8.71}$$

　ここで，デルタ関数の**次元**について確認しておこう．この節で用いた x が，位置の物理量であるとしよう．このとき，式 (8.65) の左辺は，$\delta(x)$ を次元 [L] の $\mathrm{d}x$ で積分した形になっている．一方，右辺は無次元量である．よって，$\delta(x)$

の次元は $[\mathrm{L}^{-1}]$ となる.

一般に,変数 a がある次元 $[\mathrm{A}]$ をもつ物理量である場合,先ほどと同じ論理で,$\delta(a)$ の次元は $[\mathrm{A}^{-1}]$ となる.

8.4.3 連続的な基底をもつヒルベルト空間

それでは,デルタ関数を用いて,基底が連続的な場合について,定義をいくつか拡張する.

いま,実数 a を用いて,ある連続的な基底ベクトルが $|a\rangle$ と表示されているとする.この基底ベクトルが正規直交基底であるとき,次の条件を満たす.

$$\langle a'|a\rangle = \delta(a - a') \tag{8.72}$$

この式は,基底ベクトルが離散的な場合の式 (8.33) に対応している.このような正規直交基底を用いて,任意のケットベクトル $|\psi\rangle$ は次のように表せる.

$$|\psi\rangle = \int \psi(a)\,|a\rangle\,\mathrm{d}a \tag{8.73}$$

ここで,$\psi(a)$ は,それぞれの固有ケット $|a\rangle$ の振幅を表す複素関数である.式 (8.73) より,あるケットベクトル $|\psi\rangle$ とあるブラベクトル $\langle\phi|$ の内積は次のように表せる.

$$\begin{aligned}
\langle\phi|\psi\rangle &= \iint \phi^*(a')\psi(a)\,\langle a'|a\rangle\,\mathrm{d}a'\mathrm{d}a \\
&= \iint \phi^*(a')\psi(a)\delta(a - a')\,\mathrm{d}a'\mathrm{d}a \\
&= \int \phi^*(a)\psi(a)\,\mathrm{d}a
\end{aligned} \tag{8.74}$$

途中で,式 (8.72) および式 (8.63) を用いている.この式から,次の式を得る.

$$\langle\psi|\psi\rangle = \int |\psi(a)|^2\,\mathrm{d}a \tag{8.75}$$

この式を用いることで,連続的な基底で表される場合にも,式 (8.34) を用いて任意の状態ベクトルを規格化することができる.規格化された状態ベクトルは,次式を満たす.

$$\langle\psi|\psi\rangle = \int |\psi(a)|^2\,\mathrm{d}a = 1 \tag{8.76}$$

また，離散的な基底の場合の射影演算子の和の式 (8.57) は，連続的な基底の場合には次式で与えられる．

$$\int |a\rangle\langle a|\,\mathrm{d}a = \widehat{I} \tag{8.77}$$

8.4.4　固有値が離散的な場合と連続的な場合の両方を含むとき

最後に固有値がある領域においては離散的な値 λ_i を，また別の領域においては連続的な値 λ をとる場合について説明しよう．その場合には，ケットベクトルは，離散的な基底 $|\lambda_i\rangle$ に対する複素振幅の組 $\psi_i = \psi_1, \psi_2, \cdots$ と，連続的な基底 $|\lambda\rangle$ に対する振幅を表す複素関数 $\psi(\lambda)$ を用いて次のように書くことができる．

$$|\psi\rangle = \sum_i \psi_i\,|\lambda_i\rangle + \int \psi(\lambda)\,|\lambda\rangle\,\mathrm{d}\lambda \tag{8.78}$$

以下の節では，説明を簡潔に行うために，離散的な基底を用いて説明を行うが，この節で説明したように，式 (8.33) と式 (8.72) の対応などに注意して，$\sum$ から $\int$ への置き換えを行っていただくことで，連続的な基底の場合にも適用することができる．

8.5　量子力学をヒルベルト空間を用いて記述する

8.1 節では，これまで 7 章までで学んできたシュレーディンガー方程式による固有関数やエネルギー固有値と，ユークリッド空間に基づいた線形代数における固有ベクトルや固有値との類似性を指摘した．しかし，ユークリッド空間では通常次元は 3 までであるのに対して，固有関数や固有値は無限個とり得る点，また固有関数が複素数をとり得る点など，大きく異なる点があった．そこで，無限次元を許容し，また元であるベクトルの係数などが複素数をとり得るように拡張された線形空間である「ヒルベルト空間」を導入した．これが本章のここまでの流れである．

この 8.1 節で見た類似性を踏まえて，ヒルベルト空間を用いて量子の振舞いを記述すると，次のようになる．

ヒルベルト空間を用いた量子力学の記述

(1)　シュレーディンガー方程式における波動関数に相当するのは，ヒルベルト空間におけるベクトルである．系の状態を表すベクトルを，**状態ベクトル** (state vector) と呼ぶ．

(2)　状態ベクトルを複素数倍しても，物理的には同じ状態を表す．

(3)　物理量は，エルミート演算子で表される．

(4)　ある状態 $|a\rangle$ が，物理量 $\widehat{A}$ の固有値 λ の固有状態であるとき，つまり

$$\widehat{A}|a\rangle = \lambda|a\rangle \tag{8.79}$$

のとき，$|a\rangle$ で表される状態の物理量 $\widehat{A}$ は，確定値 λ をとる．

(5)　系の状態が，物理量 $\widehat{A}$ の固有値 λ_1, λ_2 に対応する固有状態 $|a_1\rangle, |a_2\rangle$ の**重ね合わせ状態**として，複素数 c_1, c_2 を用いて

$$|a\rangle = c_1|a_1\rangle + c_2|a_2\rangle \tag{8.80}$$

と与えられ，また $|a\rangle, |a_1\rangle, |a_2\rangle$ が規格化されているならば，状態 $|a\rangle$ を物理量 $\widehat{A}$ について観測すると，測定値は λ_1 あるいは λ_2 のいずれかが得られ，その確率はそれぞれ $|c_1|^2, |c_2|^2$ である．

　また，物理量 $\widehat{A}$ の固有値が連続的な値をとる場合，状態 $|\psi\rangle$ が式 (8.73) のように与えられており，規格化されているならば，状態 $|\psi\rangle$ を物理量 $\widehat{A}$ について観測した結果，測定値を区間 $[a, b]$ に見出す確率は，次の式で与えられる．

$$\int_a^b |\psi(a)|^2 \, \mathrm{d}a \tag{8.81}$$

　なお，命題 (3) は，観測で得られる物理量は一般に実数値であることに対応している．また，命題 (5) は，いわゆる**コペンハーゲン解釈**（**確率解釈**）に対応している．

状態ケットや演算子の行列表示

この節では，ブラ・ケット表示と，8.2.2 項で簡単に触れた行列表示の関係について，より詳しく説明する.

8.6.1　行　列　表　示

いま，ある離散的な正規直交基底 $\{|a_i\rangle\}$, $i = 1, \cdots, N$ を用いて，ある状態ベクトル $|\psi\rangle$ を式 (8.57) の射影演算子の和で展開すると次のようになる.

$$
\begin{aligned}
|\psi\rangle &= \left(\sum_{i=1}^{N} |a_i\rangle\langle a_i|\right) |\psi\rangle \\
&= \sum_{i=1}^{N} c_i |a_i\rangle
\end{aligned} \tag{8.82}
$$

ここで，複素数 $c_i = \langle a_i|\psi\rangle$ である. これは，式 (8.53) に対応している.

同様にして，ある演算子 $\widehat{A}$ が $|\psi\rangle$ に施された状態 $|\psi'\rangle$ は，式 (8.57) を用いて次のように展開できる.

$$
\begin{aligned}
|\psi'\rangle = \widehat{A} |\psi\rangle &= \left(\sum_{i=1}^{N} |a_i\rangle\langle a_i|\right) \widehat{A} \left(\sum_{j=1}^{N} |a_j\rangle\langle a_j|\right) |\psi\rangle \\
&= \sum_{i=1}^{N} \sum_{j=1}^{N} |a_i\rangle\langle a_i|\widehat{A}|a_j\rangle c_j
\end{aligned} \tag{8.83}
$$

式 (8.82) と同様に，$|\psi'\rangle$ を基底 $\{|a_i\rangle\}$ で展開した係数を c'_i とし，また

$$
A_{i,j} = \langle a_i|\widehat{A}|a_j\rangle \tag{8.84}
$$

とすると，式 (8.83) は次のようになる.

$$
\sum_{k=1}^{N} c'_k |a_k\rangle = \sum_{i=1}^{N} \sum_{j=1}^{N} |a_i\rangle A_{i,j} c_j \tag{8.85}
$$

8.2.5 項で見たように，次元が N のヒルベルト空間の任意のベクトルは，N 個の線形独立なベクトルの組を用いて，1 通りに表せることから，次式が得られる.

$$c_i' = \sum_{j=1}^{N} A_{i,j} c_j \tag{8.86}$$

式 (8.86) は，**行列**（matrix）を用いて次のように表される．

$$\begin{pmatrix} c_1' \\ c_2' \\ \vdots \\ c_N' \end{pmatrix} = \begin{pmatrix} A_{11} & A_{12} & \cdots & A_{1N} \\ A_{21} & A_{22} & \cdots & A_{2N} \\ \vdots & \vdots & \ddots & \vdots \\ A_{N1} & A_{N2} & \cdots & A_{NN} \end{pmatrix} \begin{pmatrix} c_1 \\ c_2 \\ \vdots \\ c_N \end{pmatrix} \tag{8.87}$$

このように，ある特定の正規直交基底における，状態ケットの展開係数間の関係は，行列を用いて表すことができる．このような表し方を**行列表示**と呼ぶ．また行列表示はしばしば次のように等号を用いて表される．

$$\widehat{A} = \begin{pmatrix} A_{11} & A_{12} & \cdots & A_{1N} \\ A_{21} & A_{22} & \cdots & A_{2N} \\ \vdots & \vdots & \ddots & \vdots \\ A_{N1} & A_{N2} & \cdots & A_{NN} \end{pmatrix}, \quad |\psi\rangle = \begin{pmatrix} c_1 \\ c_2 \\ \vdots \\ c_N \end{pmatrix} \tag{8.88}$$

次に，ブラベクトルが行列表示でどのように表されるかをみてみよう．いま，$|\phi\rangle$ を基底 $\{|a_i\rangle\}$ で展開した係数を d_i とする．また式 (8.24) より，$|\psi\rangle$ に双対な $\langle\psi|$ は次のように展開できる．

$$\langle\psi| = \sum_{i=1}^{N} c_i^* \langle a_i| \tag{8.89}$$

これらを用いると，$\langle\psi|\widehat{A}|\phi\rangle$ は次のようになる．

$$\langle\psi|\widehat{A}|\phi\rangle = \langle\psi| \left(\sum_{i=1}^{N} |a_i\rangle\langle a_i| \right) \widehat{A} \left(\sum_{j=1}^{N} |a_j\rangle\langle a_j| \right) |\phi\rangle$$

$$= \sum_{i=1}^{N} \sum_{j=1}^{N} c_i^* \langle a_i|\widehat{A}|a_j\rangle d_j \tag{8.90}$$

これから，$\langle\psi|$ は行ベクトル

$$\langle\psi| = (c_1^*, \ c_2^*, \ \cdots, \ c_N^*) \tag{8.91}$$

を用いて表され，式 (8.90) は行列表示では次のように表される．

$$
\begin{aligned}
&\langle\psi|\widehat{A}|\phi\rangle \\
&= (\, c_1^*, \ c_2^*, \ \cdots, \ c_N^* \,)
\begin{pmatrix}
A_{11} & A_{12} & \cdots & A_{1N} \\
A_{21} & A_{22} & \cdots & A_{2N} \\
\vdots & \vdots & \ddots & \vdots \\
A_{N1} & A_{N2} & \cdots & A_{NN}
\end{pmatrix}
\begin{pmatrix}
d_1 \\ d_2 \\ \vdots \\ d_N
\end{pmatrix}
\end{aligned} \tag{8.92}
$$

これらが，8.2.2 項で説明した表記と一致していることを確認してほしい．

8.6.2　行列表示を用いる際の注意点

　次の項でみるように，行列表示は具体的な演算子の振舞いや固有値を，慣れ親しんだ線形代数で計算ができ，大変便利である．しかし，いくつか注意すべき点がある．

　まず最初に，状態ケットや演算子の行列表示は，それらの展開にどのような正規直交基底を用いるかに依存する点である．たとえば，式 (8.90) の左辺である $\langle\psi|\widehat{A}|\phi\rangle$ は，ある特定の複素数値をとるが，この表記自体は基底とは無関係であり，その値（複素数値）も基底に依存しない．しかし，行列表示の場合，式 (8.92) におけるベクトルや行列の中身の数値は，基底の取り方によってそれぞれ異なる．ただし，それら行ベクトルや列ベクトル，行列の数字の並びが異なっても，その計算結果である $\langle\psi|\widehat{A}|\phi\rangle$ は基底によらないことには注意してほしい．

　次に，行列表示を用いることができるのは，原則として基底が離散的かつ N が有限の場合に限られる点である．離散的な基底が無限個ある場合や，8.4 節で取り扱った連続的な基底の場合には用いることができない．

　よって，たとえば 10 章で扱う不確定性関係など，基底の種類によらない普遍的な関係を議論する場合には，行列表示を用いることは適切ではない．逆に，離散的でかつ N の値が有限な場合に，特定の基底を設定して具体的な計算を行う場合には，行列表示は有用である．一例として，スピンの状態や**量子回路**（quantum circuit）における**量子ビット**の状態の計算などではよく用いられる．

8.6.3 行列表示を用いた計算の例

もう少し具体的な例でみてみよう．いま，ヒルベルト空間の次元が 2 で，$\{|a_1\rangle, |a_2\rangle\}$ が正規直交基底をなしているとする．たとえば，後に 12.1 節で学ぶ，光子の偏光状態や，スピン 1/2 のスピンの状態がこの場合に該当する．このとき，$\{|a_1\rangle, |a_2\rangle\}$ を基底として $|a_1\rangle, |a_2\rangle$ を行列表示すると次のようになる．

$$|a_1\rangle = \begin{pmatrix} 1 \\ 0 \end{pmatrix}, \quad |a_2\rangle = \begin{pmatrix} 0 \\ 1 \end{pmatrix} \tag{8.93}$$

ここで，少し唐突であるが，**パウリ行列**（Pauli matrices）と呼ばれる 2×2 の行列の組を紹介する．

$$\widehat{\sigma}_x \equiv \begin{pmatrix} 0 & 1 \\ 1 & 0 \end{pmatrix}, \quad \widehat{\sigma}_y \equiv \begin{pmatrix} 0 & -i \\ i & 0 \end{pmatrix}, \quad \widehat{\sigma}_z \equiv \begin{pmatrix} 1 & 0 \\ 0 & -1 \end{pmatrix} \tag{8.94}$$

$\widehat{\sigma}_x, \widehat{\sigma}_y, \widehat{\sigma}_z$ は，$\widehat{\sigma}_1, \widehat{\sigma}_2, \widehat{\sigma}_3$ と書かれることもある．また，恒等演算子 $\widehat{I}$ の行列表示である

$$\widehat{\sigma}_0 \equiv \begin{pmatrix} 1 & 0 \\ 0 & 1 \end{pmatrix} \tag{8.95}$$

を加えてパウリ行列と呼ばれることもある．また，これらのパウリ行列で表される演算子は**パウリ演算子**と呼ばれ，演習問題 8.8 で確認するようにすべてエルミート演算子である．

式 (8.93) と式 (8.94) から，$\widehat{\sigma}_z$ を $|a_1\rangle, |a_2\rangle$ に掛ける計算を，行列を用いて行うと，次式が得られる．

$$\begin{aligned} \widehat{\sigma}_z |a_1\rangle &= \begin{pmatrix} 1 \\ 0 \end{pmatrix} = |a_1\rangle \\ \widehat{\sigma}_z |a_2\rangle &= -\begin{pmatrix} 0 \\ 1 \end{pmatrix} = -|a_2\rangle \end{aligned} \tag{8.96}$$

となる．つまり $|a_1\rangle, |a_2\rangle$ は，演算子 $\widehat{\sigma}_z$ のそれぞれ固有値が $+1$ と -1 の固有ケットになっている．

また，8.5 節で述べたヒルベルト空間を用いた量子力学に基づくと，$\widehat{\sigma}_z$ は，与えられた状態が $|a_1\rangle, |a_2\rangle$ のいずれの状態にあるかについて，$|a_1\rangle$ の状態で

あれば値 $+1$ が，$|a_2\rangle$ の状態であれば値 -1 が得られるような測定に対応している.

　また，この演算子をブラ・ケットで表記すると次のように表される.

$$\widehat{\sigma}_z = |a_1\rangle\langle a_1| - |a_2\rangle\langle a_2| \tag{8.97}$$

このように，同じ演算子について，行列表示とブラ・ケット表示の間を自由に往来できるように習熟してほしい.

　もう 1 つの例として，$\{|a_1\rangle, |a_2\rangle\}$ 基底で表示した際に次式で表される演算子 $\widehat{R}$ を考えよう.

$$\widehat{R} \equiv \frac{1}{\sqrt{2}}\begin{pmatrix} 1 & i \\ i & 1 \end{pmatrix} \tag{8.98}$$

$\widehat{R}$ が $|a_1\rangle, |a_2\rangle$ に作用した場合の状態 $|a_1'\rangle, |a_2'\rangle$ を行列表示で計算すると次のようになる.

$$|a_1'\rangle = \widehat{R}|a_1\rangle = \frac{1}{\sqrt{2}}\begin{pmatrix} 1 & i \\ i & 1 \end{pmatrix}\begin{pmatrix} 1 \\ 0 \end{pmatrix} = \frac{1}{\sqrt{2}}\begin{pmatrix} 1 \\ i \end{pmatrix}$$
$$|a_2'\rangle = \widehat{R}|a_2\rangle = \frac{1}{\sqrt{2}}\begin{pmatrix} 1 & i \\ i & 1 \end{pmatrix}\begin{pmatrix} 0 \\ 1 \end{pmatrix} = \frac{1}{\sqrt{2}}\begin{pmatrix} i \\ 1 \end{pmatrix} \tag{8.99}$$

この結果から，$\widehat{R}$ は $|a_1\rangle$ を，確率振幅の大きさの等しい $|a_1\rangle$ と $|a_2\rangle$ の重ね合わせ状態へと変換することがわかる. $|a_2\rangle$ についても同様である.

　本節で学んだ行列表示に関する演習問題を章末に用意したので，習熟のために活用してほしい.

8.7　演算子の期待値と標準偏差

　状態 $|a\rangle$ の，物理量 $\widehat{A}$（エルミート演算子）の**期待値**あるいは**平均値**（mean value）$\langle\widehat{A}\rangle_a$ は，次の式で与えられる.

$$\langle\widehat{A}\rangle_a = \langle a|\widehat{A}|a\rangle \tag{8.100}$$

[証明]　いま，$\widehat{A}$ の固有ケットの組 $\{|v_i\rangle\}$ が，正規直交基底をなしているとする. すなわち，対応する固有値を λ_i として，次式が成り立つ.

$$\widehat{A}|v_i\rangle = \lambda_i|v_i\rangle \tag{8.101}$$

$|a\rangle$ が式 (8.53) のように表されているとき，式 (8.100) の右辺は，式 (8.57) を用いて次のように変形できる．

$$\langle a|\widehat{A}|a\rangle = \langle a|\widehat{A}\left(\sum_{i=1}^{n}|v_i\rangle\langle v_i|\right)|a\rangle$$

$$= \sum_{i=1}^{n}\langle a|\lambda_i|v_i\rangle\, c_i$$

$$= \sum_{i=1}^{n}\lambda_i c_i^* c_i \tag{8.102}$$

ここで，$c_i^* c_i$ は，状態 $|a\rangle$ を観測した際に固有状態 $|v_i\rangle$ として観測される確率であり，そのときの物理量の値は λ_i であるから，式 (8.102) は $\langle\widehat{A}\rangle_a$ に等しい．

□

　ちなみに，演習問題 8.4 で見るように，エルミート演算子 $\widehat{A}$ の異なる固有値に属する固有ベクトルは直交しており，また固有値が縮退している場合は，それらの固有ベクトルを互いに直交するようにとり得ることを補足しておく．

　期待値の計算ができるようになったので，次は標準偏差をみてみよう．状態 $|a\rangle$ の，物理量 $\widehat{A}$ の**標準偏差**（standard deviation）$\Delta\widehat{A}_a$ は次のように与えられる．

$$\Delta\widehat{A}_a = \sqrt{\langle\widehat{A}^2\rangle_a - \langle\widehat{A}\rangle_a^2}$$

$$= \sqrt{\langle a|\widehat{A}^2|a\rangle - \langle a|\widehat{A}|a\rangle^2} \tag{8.103}$$

ここで，$\widehat{A}^2$ は，2 つの $\widehat{A}$ の積，すなわち $\widehat{A}\widehat{A}$ である．

● 8 章のまとめ

　8 章では，シュレーディンガー方程式を用いた記述から，ヒルベルト空間を用いた記述への「一般化」を行った．まず，電子のスピンや光子の偏光，さらに粒子数が 1 粒子から多粒子に増大する場合など，これまでのシュレーディンガー方程式を用いた 1 粒子の運動の解析の枠を超える必要があることを説明した．そして，シュレーディンガー方程式による固有関数やエネルギー固有値と，ユークリッド空間に基づいた線形代数における固有ベクトルや固有値との類似

点と相違点を説明し，量子力学を「納める」のに必要な枠組みとしてのヒルベルト空間を導入した．そして量子力学を，ヒルベルト空間を用いて記述するための命題を述べた後，物理的な意味も交えつつ，状態ケットや演算子の行列表示，ならびに演算子の期待値と標準偏差について説明した．

　この章で導入したブラ・ケットによる表現に慣れるのには時間がかかるかもしれないが，これまでのユークリッド空間での線形代数との類似性を手がかりに習得してほしい．

　9 章では，最初に，位置と運動量がヒルベルト空間を用いた量子論でどのように記述できるかを説明する．その後，状態の時間発展の記述が，2 章で導入したシュレーディンガー方程式に一致する，つまりこのヒルベルト空間を用いた量子論の記述が，シュレーディンガー方程式を含むさらに大きな枠組みであることを説明する．

第 8 章　演習問題

演習 8.1　式 (8.48) が成り立つことを示せ．

演習 8.2　式 (8.49) が成り立つことを示せ．

演習 8.3　エルミート演算子の固有値は実数であることを示せ．

演習 8.4　エルミート演算子の異なる固有値に対応する固有関数は直交すること，すなわち，$\widehat{A}|\psi_1\rangle = \lambda_1|\psi_1\rangle$, $\widehat{A}|\psi_2\rangle = \lambda_2|\psi_2\rangle$, $\lambda_1 \neq \lambda_2$ のとき $\langle\psi_1|\psi_2\rangle = 0$ を証明せよ．

演習 8.5　グラム–シュミットの方法において，式 (8.38) で与えられる $|v'_k\rangle$ と，$|v_1\rangle, \cdots, |v_{k-1}\rangle$ が直交していることを示せ．

演習 8.6　$\langle b|w\rangle\langle v|a\rangle$ は，どのような解釈が可能か，すべて挙げよ．

演習 8.7　デルタ関数に関して，式 (8.68)，式 (8.69)，式 (8.70) を証明せよ．

演習 8.8　式 (8.94) で定義したパウリ行列 $\widehat{\sigma}_x, \widehat{\sigma}_y, \widehat{\sigma}_z$ で表される演算子が，エルミート演算子であることを示せ．

演習 8.9　$\widehat{\sigma}_x\widehat{\sigma}_y = i\widehat{\sigma}_z$, $\widehat{\sigma}_y\widehat{\sigma}_x = -i\widehat{\sigma}_z$ を示せ．

演習 8.10　式 (8.98) で定義した行列 $\widehat{R}$ の固有値と固有ベクトルを求めよ.

演習 8.11　式 (8.99) における $|a_1'\rangle$, $|a_2'\rangle$ が互いに直交していることを確認せよ. また, $\widehat{R}$ を 4 回連続して $|a_1\rangle$, $|a_2\rangle$ に施して得られる状態をそれぞれ求めよ.

第 **9** 章

位置・運動量演算子と
シュレーディンガー方程式

　前章では，ヒルベルト空間ならびにディラックのブラ・ケット表記法を導入した．本章では，位置と運動量がヒルベルト空間を用いた量子論でどのように記述できるかを説明する．その後，状態ベクトルの時間発展の記述が，シュレーディンガー方程式に一致することを確認する．なお，この章は8.4節の連続的な基底のヒルベルト空間を扱うため，初めてヒルベルト空間を勉強する際には戸惑う可能性がある．その場合は，本章を飛ばして 10 章に進み，ヒルベルト空間やブラ・ケット表記などにも慣れたあとで，再度学習することをお勧めする．

9.1　位置の演算子

　以下の検討では，議論をできるだけ単純にするために，x 軸方向の 1 次元を仮定して話を進める．3 次元の場合の詳しい取扱いは，J. J. Sakurai による教科書「現代の量子力学」などを参照してほしい．

　x' を長さの次元 [L] をもつ位置を示す実数値とするとき，位置の演算子 $\hat{x}$ とその固有ケット $|x'\rangle$ は，次の関係を満たす．

$$\hat{x}|x'\rangle = x'|x'\rangle \tag{9.1}$$

なお，$|x'\rangle$ は，式 (8.72) より，直交性を表す次式を満たす．

$$\langle x'|x''\rangle = \delta(x' - x'') \tag{9.2}$$

少し補足すると，ここで変数を x ではなく x' としたのは，演算子や次節以降で出てくる微小変位との表記上の混乱を避けるためである．

　このとき，電子などの量子の状態ベクトル $|\alpha\rangle$ は，位置の固有ケットを基底として次のように展開できる．

$$|\alpha\rangle = \int_{-\infty}^{\infty} (|x'\rangle\langle x'|) |\alpha\rangle \, \mathrm{d}x' \tag{9.3}$$

この展開には式 (8.77) を用いた.

ここで,波動関数 $\psi(x', t)$ は x' と t を変数とする複素関数であり,次のように定める.

$$\psi(x', t) = \langle x' | \alpha \rangle \tag{9.4}$$

すると,式 (9.3) は次のようになる.

$$| \alpha \rangle = \int_{-\infty}^{\infty} \psi(x', t) | x' \rangle \, \mathrm{d}x' \tag{9.5}$$

これは,式 (8.73) に対応している.また,式 (8.81) で説明したように,

$$\int_a^b \left| \psi(x', t) \right|^2 \mathrm{d}x' \tag{9.6}$$

は,ある時刻 t において状態ベクトル $| \alpha \rangle$ の量子を位置 $[a, b]$ に見出す確率に対応しており,$a = -\infty$, $b = \infty$ の場合は 1 になる.

9.1.1 位置の演算子や固有ケットの物理量としての次元

ここで位置の演算子や固有ケットの物理量としての**次元**について確認しておこう.まず,式 (9.1) より,位置の演算子 $\hat{x}$ の次元は,x' と同じ [L] であることが分かる.また,8.4.2 項で見たように,$\delta(x)$ の次元が $[\mathrm{L}^{-1}]$ であること,またブラベクトルとケットベクトルの次元が同じであることを仮定すると,式 (9.2) より,位置の演算子の固有ケット $| x' \rangle$ および $\langle x' |$ の次元は $[\mathrm{L}^{-\frac{1}{2}}]$ であることが分かる.なお,$\psi(x', t)$ の次元は,式 (9.6) より $[\mathrm{L}^{-\frac{1}{2}}]$ である.

ちなみに,離散化された基底の場合には,その規格化条件である式 (8.33) から,状態ベクトルは一般に無次元である.このように,次元は固有値が離散的な場合と連続な場合で異なるので,注意してほしい.

9.2 並進変換の演算子と運動量演算子

次に,運動量演算子の説明を行う前に,**並進**(translation)演算子について説明する.**並進変換**とは,すべての状態ベクトルを一定の方向に移動させるような変換である.並進は,**平行移動**と呼ばれることもある.

9.2.1　無限小並進変換

いま，位置 x' 近傍に局在した状態を，$x' + \mathrm{d}x$ 近傍に局在した状態へと移す操作を，**無限小並進変換**と呼び，その演算子を $\widehat{T}(\mathrm{d}x)$ としよう．すなわち，

$$\widehat{T}(\mathrm{d}x)\,|x'\rangle = |x' + \mathrm{d}x\rangle \tag{9.7}$$

では，この無限小並進演算子を，式 (9.3) で与えられる $|\alpha\rangle$ に施してみよう．

$$
\begin{aligned}
\widehat{T}(\mathrm{d}x)\,|\alpha\rangle &= \int_{-\infty}^{\infty} \widehat{T}(\mathrm{d}x)(|x'\rangle\langle x'|)\,|\alpha\rangle \,\mathrm{d}x' \\
&= \int_{-\infty}^{\infty} |x' + \mathrm{d}x\rangle\,\langle x'|\alpha\rangle \,\mathrm{d}x' \tag{9.8} \\
&= \int_{-\infty}^{\infty} |x'\rangle\langle x' - \mathrm{d}x|\alpha\rangle \,\mathrm{d}x' \tag{9.9}
\end{aligned}
$$

最後の式変形は，$x' + \mathrm{d}x \to x'$ の変数変換を用いた．式 (9.9) より，無限小並進した後の状態の波動関数（式 (9.4)）は，x' を $x' - \mathrm{d}x$ で置き換えたものになっている．

この無限小並進変換には，次の 4 つの性質が期待される．

(1)　ユニタリ性：確率の保存則より，$|\alpha\rangle$ が規格化されているならば，無限小並進変換後の状態 $\widehat{T}(\mathrm{d}x)\,|\alpha\rangle$ も規格化されている．この性質は $\widehat{T}(\mathrm{d}x)$ がユニタリであれば満たされる．

$$\widehat{T}^{\dagger}(\mathrm{d}x)\widehat{T}(\mathrm{d}x) = \widehat{I} \tag{9.10}$$

(2)　加法性：はじめに $\mathrm{d}x'$，次に $\mathrm{d}x''$ の無限小並進変換を行う操作は，1 度に $\mathrm{d}x' + \mathrm{d}x''$ だけ無限小並進変換を行うことと等しい．

$$\widehat{T}(\mathrm{d}x'')\widehat{T}(\mathrm{d}x') = \widehat{T}(\mathrm{d}x' + \mathrm{d}x'') \tag{9.11}$$

(3)　逆方向の無限小並進変換は，正方向の無限小並進変換の逆と同じである．すなわち，

$$\widehat{T}(-\mathrm{d}x) = \widehat{T}^{-1}(\mathrm{d}x) \tag{9.12}$$

(4)　$\mathrm{d}x$ がゼロの極限で，無限小並進変換は恒等変換に一致する．

$$\lim_{\mathrm{d}x \to 0} \widehat{T}(\mathrm{d}x) = \widehat{I} \qquad (9.13)$$

この無限小並進演算子 $\widehat{T}(\mathrm{d}x)$ は，あるエルミート演算子 $\widehat{K}$ を用いて，$\mathrm{d}x$ の 1 次式である次式で記述できるとしよう．

$$\widehat{T}(\mathrm{d}x) = \widehat{I} - \mathrm{i}\widehat{K} \cdot \mathrm{d}x \qquad (9.14)$$

演習問題 9.1 で確かめるように，式 (9.14) で定義される $\widehat{T}(\mathrm{d}x)$ は，これら 4 つの性質をすべて満たす．

9.2.2 無限小並進演算子と位置の演算子の交換関係

無限小並進演算子 $\widehat{T}(\mathrm{d}x)$ と位置の演算子 $\widehat{x}$ について調べよう．

$$\begin{aligned}
\widehat{x}\widehat{T}(\mathrm{d}x)\left|x'\right\rangle &= \widehat{x}\left|x' + \mathrm{d}x\right\rangle \\
&= (x' + \mathrm{d}x)\left|x' + \mathrm{d}x\right\rangle
\end{aligned} \qquad (9.15)$$

また，

$$\begin{aligned}
\widehat{T}(\mathrm{d}x)\widehat{x}\left|x'\right\rangle &= \widehat{T}(\mathrm{d}x)x'\left|x'\right\rangle \\
&= x'\left|x' + \mathrm{d}x\right\rangle
\end{aligned} \qquad (9.16)$$

より，次に示す無限小並進演算子と位置の演算子の交換関係が導かれる．

$$\begin{aligned}
\left[\widehat{x}, \widehat{T}(\mathrm{d}x)\right]\left|x'\right\rangle &= \mathrm{d}x\left|x' + \mathrm{d}x\right\rangle \\
&\simeq \mathrm{d}x\left|x'\right\rangle
\end{aligned} \qquad (9.17)$$

また，式 (9.14) と式 (9.17) から，$\widehat{x}$ と $\widehat{K}$ に関する次の交換関係が容易に導ける．

$$[\widehat{x}, \widehat{K}] = \mathrm{i} \qquad (9.18)$$

9.2.3 無限小並進演算子と運動量演算子

ところで式 (9.14) から，$\widehat{K}$ の次元は $[\mathrm{L}^{-1}]$ であることが要請される．このとき，古典力学で運動量が無限小並進の生成演算子であることの類推から，

$$\widehat{K} = \frac{\widehat{p}}{\hbar} \qquad (9.19)$$

とする．ここで $\widehat{p}$ は x 方向の運動量演算子である．この場合，式 (1.18) のド・ブロイの関係式 $\lambda = h/p$ から，$\widehat{K}$ の次元も $[\mathrm{L}^{-1}]$ となり，前述の要請が満たされている．

式 (9.19) を式 (9.14) に代入すると，次式が得られる．

$$\widehat{T}(\mathrm{d}x) = \widehat{I} - \mathrm{i}\frac{\widehat{p}}{\hbar} \cdot \mathrm{d}x \tag{9.20}$$

また，式 (9.18) と式 (9.19) から，位置演算子と運動量演算子の次の交換関係が得られる．

$$[\widehat{x}, \widehat{p}] = \mathrm{i}\hbar \tag{9.21}$$

9.2.4　有限な並進変換

次に，次式で与えられる，有限な変位 Δx の並進変換について考えよう．

$$\widehat{T}(\Delta x)\,|x'\rangle = |x' + \Delta x\rangle \tag{9.22}$$

ある十分大きい自然数を N とするとき，$\Delta x/N$ の微小な並進変換を N 回合成すれば，式 (9.11) より $\widehat{T}(\Delta x)$ に一致するはずである．$N \to \infty$ の極限を考えると，この微小変換は式 (9.20) の無限小並進変換と見なせるので，次の式が成り立つ．

$$\widehat{T}(\Delta x) = \lim_{N \to \infty} \left(\widehat{I} - \mathrm{i}\frac{\widehat{p}}{\hbar} \cdot \frac{\Delta x}{N} \right)^N \tag{9.23}$$

ここで，任意の演算子 $\widehat{X}$ について，**演算子の指数関数**を次のように定義する．

$$\exp(\widehat{X}) \equiv 1 + \widehat{X} + \widehat{X}^2 + \cdots \tag{9.24}$$

ただし，物理量の次元の観点から，両辺の次元を一致させるためには $\widehat{X}$ は無次元であることに注意する．また，ある複素数 a に対して

$$\lim_{N \to \infty} \left(1 + \frac{a}{N} \right)^N = \exp(a) \tag{9.25}$$

であることを用いると，式 (9.23) は次のように表される．

$$\widehat{T}(\Delta x) = \exp\left(-\mathrm{i}\frac{\widehat{p}}{\hbar} \cdot \Delta x \right) \tag{9.26}$$

9.2.5 位置の基底でみた運動量演算子

次に，運動量演算子 $\widehat{p}$ が位置演算子 $\widehat{x}$ 基底でどのように表されるかを考察する．そのために，無限小並進演算子 $\widehat{T}(\Delta x)$ を $|\alpha\rangle$ に施して得られた式 (9.9) を再度みてみよう．

ここで，式変形を分かりやすくするため，$\mathrm{d}x$ のかわりに Δx を無限小の微小量とすると，次のようにかける．

$$\widehat{T}(\Delta x)\,|\alpha\rangle = \int_{-\infty}^{\infty} |x'\rangle\langle x' - \Delta x|\alpha\rangle\,\mathrm{d}x' \tag{9.27}$$

$$= \int_{-\infty}^{\infty} |x'\rangle \left\{ \langle x'|\alpha\rangle - \Delta x \frac{\partial}{\partial x'}\langle x'|\alpha\rangle \right\} \mathrm{d}x' \tag{9.28}$$

最後の式変形については，$\langle x' - \Delta x|\alpha\rangle$ を波動関数 $\psi(x' - \Delta x, t)$ で表すと，

$$\psi(x' - \Delta x, t) = \psi(x', t) - \Delta x \frac{\partial}{\partial x'}\psi(x', t) \tag{9.29}$$

と変形できることを参照してほしい．

式 (9.27) の左辺が，式 (9.20) から

$$\widehat{T}(\Delta x) = \widehat{I} - \mathrm{i}\frac{\widehat{p}}{\hbar} \cdot \Delta x \tag{9.30}$$

であることを踏まえて両辺を比較すると，次式が得られる．

$$\widehat{p}\,|\alpha\rangle = \int_{-\infty}^{\infty} |x'\rangle \left(-\mathrm{i}\hbar \frac{\partial}{\partial x'}\langle x'|\alpha\rangle \right) \mathrm{d}x' \tag{9.31}$$

これが，運動量演算子 $\widehat{p}$ の位置演算子 $\widehat{x}$ 基底での表示である．

式 (9.31) の両辺に左から $\langle\beta|$ を掛けると，次の重要な式が得られる．

$$\langle\beta|\widehat{p}|\alpha\rangle = \int_{-\infty}^{\infty} \langle\beta|x'\rangle \left(-\mathrm{i}\hbar \frac{\partial}{\partial x'}\langle x'|\alpha\rangle \right) \mathrm{d}x'$$

$$= \int_{-\infty}^{\infty} \phi^*(x', t) \left(-\mathrm{i}\hbar \frac{\partial}{\partial x'}\psi(x', t) \right) \mathrm{d}x' \tag{9.32}$$

ここで，$\phi^*(x', t) = \langle\beta|x'\rangle$ である．特に，$\langle\beta| = \langle\alpha|$ とすると，$|\alpha\rangle$ に対する運動量の期待値を与える次式が得られる．

$$\langle\alpha|\widehat{p}|\alpha\rangle = \int_{-\infty}^{\infty} \psi^*(x', t) \left(-\mathrm{i}\hbar \frac{\partial}{\partial x'}\psi(x', t) \right) \mathrm{d}x' \tag{9.33}$$

この式が，6 章で証明無しに与えた運動量の期待値の式 (6.16) および式 (6.17)
に一致していることを確認してほしい.

　また，式 (9.31) と，位置演算子の基底の直交性の式 (9.2) から，次の式が得
られる.

$$\langle x'|\widehat{p}|\alpha\rangle = \int \mathrm{d}x'' \langle x'|x''\rangle \left(-\mathrm{i}\hbar\frac{\partial}{\partial x''}\langle x''|\alpha\rangle\right)$$

$$= -\mathrm{i}\hbar\frac{\partial}{\partial x'}\langle x'|\alpha\rangle \tag{9.34}$$

また，式 (9.34) の $|\alpha\rangle$ に $\widehat{p}|\alpha\rangle$ を代入することで次式が得られる.

$$\langle x'|\widehat{p}^2|\alpha\rangle = \left(-\mathrm{i}\hbar\frac{\partial}{\partial x'}\langle x'|\right)\widehat{p}|\alpha\rangle$$

$$= \left(-\mathrm{i}\hbar\frac{\partial}{\partial x'}\right)\int \mathrm{d}x'' \langle x'|x''\rangle \left(-\mathrm{i}\hbar\frac{\partial}{\partial x''}\right)\langle x''|\alpha\rangle$$

$$= (-\mathrm{i}\hbar)^2 \frac{\partial^2}{\partial x'^2}\langle x'|\alpha\rangle \tag{9.35}$$

これらの式は，後の 9.5 節で利用する.

9.3　時間発展演算子とハミルトニアン

　次に，$|\alpha\rangle$ の**時間発展**について考察しよう. 量子力学では，時間あるいは時
刻は，単にパラメータであって，演算子ではないことに注意が必要である. 時
刻 $t = t_0$ において $|\alpha\rangle$ の状態にある量子の，時刻 t での状態を $|\alpha, t_0; t\rangle$ と表
す. このとき，

$$\lim_{t \to t_0} |\alpha, t_0; t\rangle \equiv |\alpha, t_0; t_0\rangle = |\alpha\rangle \tag{9.36}$$

である. ここで，$|\alpha, t_0; t\rangle$ と $|\alpha, t_0; t_0\rangle = |\alpha\rangle$ を関係づける**時間発展演算子**を
$\widehat{U}(t, t_0)$ とする.

$$|\alpha, t_0; t\rangle = \widehat{U}(t, t_0)|\alpha, t_0; t_0\rangle \tag{9.37}$$

いま，$|\alpha, t_0; t_0\rangle$ が離散的な正規直交基底の組 $\{|a'\rangle\}$ で

$$|\alpha, t_0; t_0\rangle = \sum_{a'} C_{a'}(t_0)|a'\rangle \tag{9.38}$$

のように展開できるとする. また, 時刻 t における状態も, 同じ $\{|a'\rangle\}$ で次式のように展開できるとする.

$$|\alpha, t_0; t\rangle = \sum_{a'} C_{a'}(t) |a'\rangle \tag{9.39}$$

ここで, $\{C_{a'}(t)\}$ は, 離散的な a' のそれぞれの確率振幅を表す, 時間に依存する複素関数の組であり, 一般には $C_{a'}(t_0) \neq C_{a'}(t)$ である. しかし, これらの確率の和は常に 1 のはずなので, 次式が成り立つ.

$$\sum_{a'} |C_{a'}(t)|^2 = \sum_{a'} |C_{a'}(t_0)|^2 = 1 \tag{9.40}$$

すなわち, 状態ケットが時刻 t_0 で規格化されていれば, 時間発展した後の時刻 t においても規格化されているはずである. つまり,

$$\langle \alpha, t_0; t | \alpha, t_0; t \rangle = \langle \alpha, t_0; t_0 | \alpha, t_0; t_0 \rangle = 1 \tag{9.41}$$

この式の左辺は, 次のように変形できる. いま, $\widehat{U}^\dagger(t, t_0)$ を $\widehat{U}$ と略記すると,

$$\langle \alpha, t_0; t | \widehat{U}^\dagger \widehat{U} | \alpha, t_0; t \rangle = 1 \tag{9.42}$$

$$\widehat{U}^\dagger \widehat{U} = \widehat{I} \tag{9.43}$$

となり, $\widehat{U}^\dagger(t, t_0)$ はユニタリ変換であることが分かる.

また, $t_0 < t_1 < t_2$ のとき, 時刻 t_0 から t_2 への時間発展は, 時刻 t_0 から t_1 への時間発展と, 時刻 t_1 から t_2 への時間発展の合成で記述できるはずである. すなわち, 次式を要請する.

$$\widehat{U}(t_2, t_1)\widehat{U}(t_1, t_0) = \widehat{U}(t_2, t_0) \tag{9.44}$$

9.3.1 無限小の時間発展

次に, 並進変換の場合と同様に, 時刻 t_0 からの無限小の時間発展 $\widehat{U}(t_0 + \mathrm{d}t, t_0)$ がどのように表されるのかを検討しよう.

$\mathrm{d}t$ がゼロの極限で, 無限小時間発展変換は恒等変換に一致するはずだから, 次式が成り立つ.

$$\lim_{\mathrm{d}t \to 0} \widehat{U}(t_0 + \mathrm{d}t, t_0) = \widehat{I} \tag{9.45}$$

これから, $\widehat{U}(t_0 + \mathrm{d}t, t_0)$ と $\widehat{I}$ の差分が, $\mathrm{d}t$ の 1 次のオーダーで表せる. この

ことから，あるエルミート演算子 $\widehat{\varOmega}$ を用いて，

$$\widehat{U}(t_0 + \mathrm{d}t, t_0) = \widehat{I} - \mathrm{i}\widehat{\varOmega}\,\mathrm{d}t \tag{9.46}$$

と仮定する．このとき，演習問題 9.3 でみるように，式 (9.46) の $\widehat{U}(t_0 + \mathrm{d}t, t_0)$ は，式 (9.43) のユニタリ性，式 (9.44) の合成則，および式 (9.45) を満たす．

9.3.2　無限小時間発展演算子とハミルトニアン

では，無限小並進演算子における $\widehat{K}$ のときと同様に，無限小時間発展演算子におけるエルミート演算子 $\widehat{\varOmega}$ がどのように表現できるのかを考察しよう．

式 (9.46) から，$\widehat{\varOmega}\,\mathrm{d}t$ が無次元であるためには，$\widehat{\varOmega}$ の次元は $[\mathrm{T}^{-1}]$ であることが要請される．

このとき，古典力学ではハミルトニアン $\widehat{H}$ が時間発展の生成演算子であることの類推から，

$$\widehat{\varOmega} = \frac{\widehat{H}}{\hbar} \tag{9.47}$$

とする．この場合，式 (1.3) のエネルギーの量子化の式

$$E = \hbar\omega \tag{9.48}$$

から，$E/\hbar$ の次元が $[\mathrm{T}^{-1}]$ となり，前述の物理量の次元に関する要請を満たす．式 (9.47) を式 (9.46) に代入して，次式が得られる．

$$\widehat{U}(t_0 + \mathrm{d}t, t_0) = \widehat{I} - \mathrm{i}\frac{\widehat{H}}{\hbar}\,\mathrm{d}t \tag{9.49}$$

9.4　時間発展演算子の微分方程式

次に，時間発展の演算子 $\widehat{U}(t, t_0)$ に関する基本的な微分方程式を導出しよう．$\widehat{U}(t + \mathrm{d}t, t_0)$ は，式 (9.44) の合成則と式 (9.49) から，次のように式変形が可能である．

$$\begin{aligned}
\widehat{U}(t + \mathrm{d}t, t_0) &= \widehat{U}(t + \mathrm{d}t, t)\widehat{U}(t, t_0) \\
&= \left(\widehat{I} - \mathrm{i}\frac{\widehat{H}}{\hbar}\,\mathrm{d}t\right)\widehat{U}(t, t_0)
\end{aligned} \tag{9.50}$$

この等式は，次のような微分の式に変形することができる．

$$\frac{\widehat{U}(t+\mathrm{d}t,t_0)-\widehat{U}(t,t_0)}{\mathrm{d}t}=-\mathrm{i}\frac{\widehat{H}}{\hbar}\widehat{U}(t,t_0) \tag{9.51}$$

$$\mathrm{i}\hbar\frac{\partial}{\partial t}\widehat{U}(t,t_0)=\widehat{H}\widehat{U}(t,t_0) \tag{9.52}$$

これが，時間発展の演算子 $\widehat{U}(t,t_0)$ に関する基本的な微分方程式である．

式 (9.52) の両辺に，状態ケット $|\alpha,t_0;t_0\rangle$ を右から掛けると次の状態ケットに関する微分方程式が得られる．

$$\mathrm{i}\hbar\frac{\partial}{\partial t}\widehat{U}(t,t_0)\,|\alpha,t_0;t_0\rangle=\widehat{H}\widehat{U}(t,t_0)\,|\alpha,t_0;t_0\rangle$$

$$\mathrm{i}\hbar\frac{\partial}{\partial t}\,|\alpha,t_0;t\rangle=\widehat{H}\,|\alpha,t_0;t\rangle \tag{9.53}$$

この変形では，$|\alpha,t_0;t_0\rangle$ が時間に依存しないことを用いている．

1章から7章までで取り扱った問題では，ハミルトニアン $\widehat{H}$ は時間に依存していない．このように $\widehat{H}$ が時間に依存しない場合，式 (9.52) の解である時間発展演算子は次式で与えられる（演習問題9.4）．

$$\widehat{U}(t,t_0)=\exp\left\{-\mathrm{i}\frac{\widehat{H}}{\hbar}(t-t_0)\right\} \tag{9.54}$$

9.5 シュレーディンガーの波動方程式

本節では，式 (9.53) を用いて，**波動関数**

$$\psi(x',t)=\langle x'|\alpha,t_0;t\rangle \tag{9.55}$$

の振舞いについて調べる．ハミルトニアン $\widehat{H}$ は次式のように与えられるとする．

$$\widehat{H}=\frac{\widehat{p}^2}{2m}+V(\widehat{x}) \tag{9.56}$$

ここで，m は量子の質量である．また，$V(\widehat{x})$ は局所的，すなわち $\widehat{x}$ の実関数で，次式が成り立つとする．

$$\langle x''|V(\widehat{x})|x'\rangle=V(x')\delta(x'-x'') \tag{9.57}$$

式 (9.53) より，$\langle x'|$ が時間に依存しないことに注意すると次式が得られる．

$$i\hbar \frac{\partial}{\partial t} \langle x' | \alpha, t_0; t \rangle = \langle x' | \hat{H} | \alpha, t_0; t \rangle \tag{9.58}$$

この式の右辺に，式 (9.56) を代入する．このとき，式 (9.35) を用いると次の式が成り立つ．

$$\langle x' | \frac{\hat{p}^2}{2m} | \alpha, t_0; t \rangle = -\frac{\hbar^2}{2m} \frac{\partial^2}{\partial x'^2} \langle x' | \alpha, t_0; t \rangle \tag{9.59}$$

また，

$$\langle x' | V(\hat{x}) = \langle x' | V(x') \tag{9.60}$$

である．なお，$V(x')$ は演算子ではなく，実数値の関数であるので注意してほしい．

これらから，式 (9.58) は次式のように表される．

$$i\hbar \frac{\partial}{\partial t} \langle x' | \alpha, t_0; t \rangle = -\frac{\hbar^2}{2m} \frac{\partial^2}{\partial x'^2} \langle x' | \alpha, t_0; t \rangle + V(x') \langle x' | \alpha, t_0; t \rangle \tag{9.61}$$

式 (9.55) の波動関数 $\psi(x', t)$ を用いて表すと，次式が得られる．

$$-\frac{\hbar^2}{2m} \frac{\partial^2}{\partial x'^2} \psi(x', t) + V(x') \psi(x', t) = i\hbar \frac{\partial}{\partial t} \psi(x', t) \tag{9.62}$$

これは，2 章の式 (2.36) で導入した，ポテンシャルが存在する場合のシュレーディンガー方程式の 1 次元の場合に他ならない．

このことから，実は 2 章で導入したシュレーディンガー方程式の波動関数 $\psi(x)$ は，式 (9.5) で示されたような，ある状態ケット $|\alpha\rangle$ を位置の固有ケット $\{|x\rangle\}$ で展開した際の展開係数に対応していることがわかる．このように，ヒルベルト空間を用いて量子力学を記述する方法は，これまでの微分方程式としてのシュレーディンガー方程式による記述を含んだ，より一般的な考え方であると言える．

● 9 章のまとめ

8 章で導入したヒルベルト空間とブラ・ケット表記に基づいて，9 章では位置演算子や並進変換の演算子，また運動量演算子や時間発展演算子について議論した．その結果，無限小並進変換の演算子が運動量演算子を用いて表せること，また運動量演算子の位置演算子の基底での表現を導出した．さらに，ケットベクトルの時間発展について検討し，その時間発展の演算子はユニタリ変換

であること，無限小時間発展演算子がハミルトニアン（ハミルトン演算子）を
用いて表せることを学んだ．最後に，位置の固有ケットで表現された波動関数
の時間発展が，2 章で導入した時間に依存するシュレーディンガー方程式に一
致することを学んだ．つまり，ヒルベルト空間を用いて量子力学を記述する方
法が，これまでの微分方程式としてのシュレーディンガー方程式による記述を
含んだ，より一般的な考え方であることが分かった．

　10 章では，このヒルベルト空間を用いた量子論の記述に基づいて，不確定性
関係について説明する．そこで読者は，7 章までに個々のケースで観察してき
た不確定性関係が，実はヒルベルト空間の性質に由来することを学ぶ．

第 9 章　演習問題

演習 9.1　式 (9.14) で定義される $\widehat{T}(\mathrm{d}x)$ が，式 (9.10) から式 (9.13) までをすべて
満たすことを示せ．

演習 9.2　式 (9.14) の $\widehat{K}$ の次元が $[\mathrm{L}^{-1}]$ であることを確認せよ．

演習 9.3　式 (9.46) の $\widehat{U}(t_0 + \mathrm{d}t, t_0)$ が，式 (9.43) のユニタリ性，式 (9.44) の合
成則，および式 (9.45) を満たすことを確認せよ．

演習 9.4　式 (9.54) が式 (9.52) を満たすことを確認せよ．

第10章

不確定性関係

　6章において，波動関数がガウス型の波束として記述されるとき，位置と運動量の間に不確定性関係があることを見た．この章では，この不確定性関係について，8章で導入したヒルベルト空間とブラ・ケット形式を用いて検討する．まず，ロバートソン–ケナードの不確定性関係を紹介した後，その意味について議論する．最後に，ロバートソン–ケナードの不確定性関係を証明する．

10.1　ロバートソン–ケナードの不確定性関係

　6章で学んだように，波動関数が式 (6.6) のガウス型の波束

$$\psi(x) = \frac{1}{\sqrt{a\sqrt{\pi}}} \exp\left(-\frac{x^2}{2a^2}\right) \exp(\mathrm{i}k_0 x) \tag{10.1}$$

として記述されるとき，位置の不確かさ（標準偏差）は，式 (6.14) で次のように与えられた．

$$\Delta x \equiv \sqrt{\langle x^2 \rangle - \langle x \rangle^2} \tag{10.2}$$

$$= \frac{a}{\sqrt{2}} \tag{10.3}$$

同様に，運動量の不確かさは，式 (6.30) で次のように与えられた．

$$\Delta p \equiv \sqrt{\langle p^2 \rangle - \langle p \rangle^2} \tag{10.4}$$

$$= \frac{\hbar}{\sqrt{2}\,a} \tag{10.5}$$

結果として，式 (10.1) の波動関数でその状態が表される量子については，位置と運動量の間に，式 (6.31) のように

$$\Delta x \cdot \Delta p = \frac{\hbar}{2} \tag{10.6}$$

の不確定性関係があることを見た．また，その後，ガウス型波束が自由空間を運動するとき，式 (6.65) のように，位置と運動量の不確かさの積は

$$\Delta x \cdot \Delta p \geq \frac{\hbar}{2} \tag{10.7}$$

となることも見た.

　しかし，次のような疑問が残る．位置と運動量の不確かさの積の下限は，$\frac{\hbar}{2}$ なのだろうか．言い換えると，どのような波動関数に対しても式 (10.7) が成り立つのだろうか．また，他の物理量でも不確定性関係が存在するのだろうか．そのときの下限の値も，$\frac{\hbar}{2}$ なのだろうか.

　これらの問に答えを与えるのが，ここで説明する**不確定性関係**である．1927 年に位置と運動量に対して証明したのが，コーネル大学のアーレ ヘッセ ケナード (Earle Hesse Kennard)，また一般的な演算子に対する証明を，1929 年にプリンストン大学のハワード パーシー ロバートソン (Howard Percy Robertson) が行った．このため，**ロバートソン–ケナードの不確定性関係**とも呼ばれる．この不確定性関係は，次の式で与えられる.

$$\Delta \hat{A} \Delta \hat{B} \geq \frac{1}{2} \left| \langle [\hat{A}, \hat{B}] \rangle \right| \tag{10.8}$$

ここで，$\hat{A}, \hat{B}$ は物理量に対応したエルミート演算子である．式 (10.8) は，$\hat{A}$ と $\hat{B}$ が交換する，すなわち交換可能であるときには，物理量 $\hat{A}$ の標準偏差と物理量 $\hat{B}$ の標準偏差の積は 0 になり得るが，交換しないときは 0 にはならないことを示している.

　式 (10.8) の証明は後の 10.4 節に回して，先にいくつかの例や，不確定性関係の物理的な意味について見ていくことにしよう.

10.2 不確定性関係の例

　まず，演算子が交換する場合の例として，位置の演算子 $\hat{x}$ と $\hat{y}$ について見てみよう．これらは，位置の表示では x, y で表されるため次式が成り立つ.

$$xy \left| \psi \right\rangle = yx \left| \psi \right\rangle \tag{10.9}$$

$$\langle \psi | [\hat{x}, \hat{y}] | \psi \rangle = 0 \tag{10.10}$$

よって，式 (10.8) に代入して，次の不確定性関係が得られる.

$$\Delta \hat{x} \Delta \hat{y} \geq 0 \tag{10.11}$$

この場合は，位置 $\widehat{x}$ と位置 $\widehat{y}$ の不確かさの積は 0 をとり得ることに注意してほしい．

次に，演算子が交換しない場合の例として，位置 $\widehat{x}$ と，運動量の x 成分 $\widehat{p_x}$ について見てみよう．これらは，それぞれ $x, -\mathrm{i}\hbar\dfrac{\mathrm{d}}{\mathrm{d}x}$ で表されるため，次式が成り立つ．

$$\widehat{p_x}\,\widehat{x}\,|\psi\rangle = -\mathrm{i}\hbar\frac{\mathrm{d}}{\mathrm{d}x}(x\,|\psi\rangle)$$

$$= -\mathrm{i}\hbar\,|\psi\rangle - x\left(\mathrm{i}\hbar\frac{\mathrm{d}}{\mathrm{d}x}\,|\psi\rangle\right)$$

$$= -\mathrm{i}\hbar\,|\psi\rangle + \widehat{x}\,\widehat{p_x}\,|\psi\rangle \tag{10.12}$$

よって，

$$\langle\psi|[\widehat{x},\widehat{p_x}\,]|\psi\rangle = \langle\psi|(\widehat{x}\,\widehat{p_x} - \widehat{p_x}\,\widehat{x})|\psi\rangle$$

$$= \langle\psi|\mathrm{i}\hbar|\psi\rangle$$

$$= \mathrm{i}\hbar \tag{10.13}$$

この結果は，9 章の式 (9.21) とも一致している．

式 (10.13) を式 (10.8) に代入すると，次の不確定性関係が得られる．

$$\Delta\widehat{x}\,\Delta\widehat{p_x} \geq \frac{\hbar}{2} \tag{10.14}$$

後に 10.4 節で説明するように，式 (10.8) のロバートソン–ケナードの不確定性関係は，特定の量子状態を仮定することなく，ヒルベルト空間における任意の状態ベクトルに対して成立するコーシー–シュワルツ不等式に基づいて導出されている．つまり，式 (10.14) で与えられる位置 $\widehat{x}$ と運動量 $\widehat{p_x}$ の間の不確定性関係は，どのような波動関数に対しても成り立つ．

さらに，ガウス型波束に対する不確定性関係の式 (6.31) は，一般的な不確定性関係の式 (10.14) の下限を達成していることがわかる．このことから，ガウス型波束は**最小不確定性状態**（minimum uncertainty state）とも呼ばれる．

10.3　不確定性関係の物理的な意味

ここからは，式 (10.11) や式 (10.14) で与えられる，不確定性関係の意味について説明するが，その前に，8.7 節で導出した，ある状態に対する $\widehat{x}$ の平均

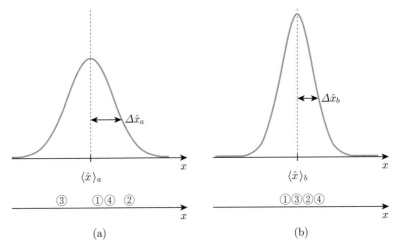

図 10.1 位置の平均値や標準偏差の物理的な意味

値や標準偏差の物理的な意味について説明する.

いま,たとえば電子1個を,ある状態 $|a\rangle$ に準備したとする.その電子がどの位置に存在するかを,適切な装置を用いて測定することを考えよう.すると,その電子は必ず,どこかの特定の位置 x で観測される.**図 10.1 (a)** の下側に,電子を状態 $|a\rangle$ に準備して1回目に観測された位置を ① で,次に電子を再度状態 $|a\rangle$ に準備して,2回目に観測された位置を ② で,といった形で,4回繰り返し実験を行ったときにどこで観測されたのかを例示した.これを,さらに5回,6回と多数回行った際の,観測される x の平均値が,$\langle a|\hat{x}|a\rangle = \langle\hat{x}\rangle_a$ に一致する.また,それらの観測された x の標準偏差は,$\Delta\hat{x}_a$ に一致する.なお,**図 10.1 (a)** の上側のグラフは観測確率である.

次に,電子を別の状態 $|b\rangle$ に準備した場合について見てみよう.その状態の平均値 $\langle\hat{x}\rangle_b$,および標準偏差 $\Delta\hat{x}_b$ が**図 10.1 (b)** のように与えられる場合,同様に,電子を状態 $|b\rangle$ に準備してその位置 x を観測するという操作を繰り返すと,**図 10.1 (b)** の下側にプロットしたように,**図 10.1 (a)** の場合よりもまとまった場所に,「観測された位置」が集中する.

これが,ある状態に対する $\hat{x}$ の平均値や標準偏差の物理的な意味である.なお,**図 10.1 (a)** のような状態 $|a\rangle$ にある電子を観測した場合,電子は,図示した確率分布に従ってランダムな位置で観測されるので,**図 10.1 (a)** の下側に

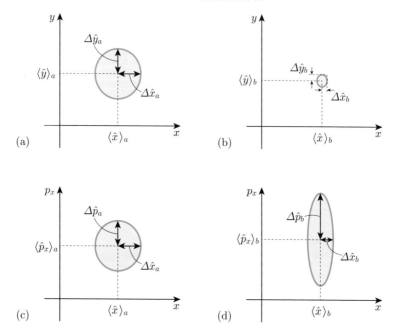

図 10.2 位置と運動量の不確定性関係の物理的な意味

示した位置や順番も毎回異なることに注意してほしい.

　では次に，不確定性関係の物理的な意味について見てみよう．2 つの物理量が交換する場合の例として，位置 $\hat{x}$ と位置 $\hat{y}$ について示したのが，図 **10.2 (a)**, **(b)** である．このとき不確定性関係は，式 (10.11) で与えられる．図 **10.2 (a)** は，ある状態 $|a\rangle$ に対する，位置 $\hat{x}$ と位置 $\hat{y}$ の観測値の拡がりのイメージである．観測値 x, y はそれぞれの平均値 $\langle\hat{x}\rangle_a$ および $\langle\hat{y}\rangle_a$ を中心に，その不確かさ（標準偏差）$\Delta\hat{x}_a, \Delta\hat{y}_a$ で拡がった範囲に分布している．しかし，式 (10.11) で見たように，これらの不確かさの積は 0 以上の任意の値をとり得るため，それぞれの不確かさは，いくらでも小さな値をとることができる．例として，より小さな不確かさをもつ状態 $|b\rangle$ の例を図 **10.2 (b)** に示した．

　次に，2 つの物理量が交換しない場合，例として位置 $\hat{x}$ と運動量 $\hat{p}_x$ について示したのが，図 **10.2 (c)**, **(d)** である．この場合には，不確定性関係は式 (10.14) で与えられる．図 **10.2 (c)** は，ある状態 $|a\rangle$ に対する，位置 $\hat{x}$ と運

動量 $\hat{p}_x$ の観測値の拡がりのイメージである.

いま,この状態が,式 (10.14) の等号が満たされるとき,すなわち最小不確定状態だとしよう.すると,$\Delta\hat{x}_a$ と $\Delta\hat{p}_a$ の積は $\frac{\hbar}{2}$ となり,たとえば,位置の不確かさがより小さい状態 $|b\rangle$ を準備できた場合,その運動量の不確かさ $\Delta\hat{p}_b$ は,最小不確定状態であっても,状態 $|a\rangle$ に対する $\Delta\hat{p}_a$ よりも大きくなる(図 **10.2 (d)**).

このように,交換しない物理量の一方の物理量の不確かさを大きくしつつ,他方の不確かさを小さくした状態のことを,**スクィーズド状態**と呼ぶ.これは,グレープフルーツなどを搾るという意味の英語である squeeze から来ている.量子光学では,スクィーズド光と呼ばれる,位相の揺らぎを犠牲にして,通常のレーザー光よりも光強度の揺らぎが小さい状態の光が実現されている.

10.4 ロバートソン–ケナードの不確定性関係の導出

では,後回しにしていた式 (10.8) の導出に移ろう.まずその準備として,

コーシー–シュワルツ不等式(Cauchy–Schwarz inequality)

$$|\langle a|b\rangle|^2 \le \langle a|a\rangle\langle b|b\rangle \tag{10.15}$$

を証明する.なお,式 (10.15) は,普通のベクトルの場合に成り立つ式

$$\left|\vec{a}\cdot\vec{b}\right|^2 \le |\vec{a}|^2|\vec{b}|^2 \tag{10.16}$$

が一般化されたものと考えられる.

[証明] いま,8.2.6 項で学んだグラム–シュミットの方法を用いて,

$$|v_1\rangle = \frac{|b\rangle}{\sqrt{\langle b|b\rangle}} \tag{10.17}$$

を含む正規直交基底 $\{|v_1\rangle, |v_2\rangle, \cdots, |v_n\rangle\}$ が得られたとする.このとき,式 (10.15) の右辺は次のように変形できる.

$$\langle a|a\rangle\langle b|b\rangle = \langle a|\left(\sum_{i=1}^n |v_i\rangle\langle v_i|\right)|a\rangle\langle b|b\rangle \tag{10.18}$$

$$\ge \langle a|v_1\rangle\langle v_1|a\rangle\langle b|b\rangle \tag{10.19}$$

$$= \langle a|\left(\frac{|b\rangle\langle b|}{\langle b|b\rangle}\right)|a\rangle\langle b|b\rangle$$

$$= \langle a|b \rangle \langle b|a \rangle$$
$$= |\langle a|b \rangle|^2 \tag{10.20}$$

$\square$

次に，エルミート演算子 $\widehat{A}, \widehat{B}$ に対して

$$\left| \langle \psi | [\widehat{A}, \widehat{B}] | \psi \rangle \right|^2 \leq 4 \langle \psi | \widehat{A}^2 | \psi \rangle \langle \psi | \widehat{B}^2 | \psi \rangle \tag{10.21}$$

が成り立つことを証明する．

[証明]　式 (10.21) の左辺は，次のように変形できる．

$$\left| \langle \psi | [\widehat{A}, \widehat{B}] | \psi \rangle \right|^2 = \left| \langle \psi | (\widehat{A}\widehat{B} - \widehat{B}\widehat{A}) | \psi \rangle \right|^2$$
$$= \left| \langle \psi | \widehat{A}\widehat{B} | \psi \rangle \right|^2 + \left| \langle \psi | \widehat{B}\widehat{A} | \psi \rangle \right|^2$$
$$- \langle \psi | \widehat{A}\widehat{B} | \psi \rangle \langle \psi | \widehat{B}\widehat{A} | \psi \rangle^* - \langle \psi | \widehat{A}\widehat{B} | \psi \rangle^* \langle \psi | \widehat{B}\widehat{A} | \psi \rangle \tag{10.22}$$

ここで，**反交換子**（anti-commutator）を次のように定義する．

$$\{\widehat{A}, \widehat{B}\} = \widehat{A}\widehat{B} + \widehat{B}\widehat{A} \tag{10.23}$$

すると，次式が成り立つ．

$$\left| \langle \psi | \{\widehat{A}, \widehat{B}\} | \psi \rangle \right|^2 = \left| \langle \psi | (\widehat{A}\widehat{B} + \widehat{B}\widehat{A}) | \psi \rangle \right|^2$$
$$= \left| \langle \psi | \widehat{A}\widehat{B} | \psi \rangle \right|^2 + \left| \langle \psi | \widehat{B}\widehat{A} | \psi \rangle \right|^2$$
$$+ \langle \psi | \widehat{A}\widehat{B} | \psi \rangle \langle \psi | \widehat{B}\widehat{A} | \psi \rangle^* + \langle \psi | \widehat{A}\widehat{B} | \psi \rangle^* \langle \psi | \widehat{B}\widehat{A} | \psi \rangle \tag{10.24}$$

ここで，$\widehat{A}, \widehat{B}$ はエルミート演算子だから，

$$\langle \psi | \widehat{A}\widehat{B} | \psi \rangle^* = \langle \psi | \widehat{B}\widehat{A} | \psi \rangle$$
$$\left| \langle \psi | \widehat{A}\widehat{B} | \psi \rangle \right|^2 = \left| \langle \psi | \widehat{B}\widehat{A} | \psi \rangle \right|^2 \tag{10.25}$$

式 (10.22)，式 (10.24) および式 (10.25) より，次式が成り立つ．

$$\left| \langle \psi | [\widehat{A}, \widehat{B}] | \psi \rangle \right|^2 + \left| \langle \psi | \{\widehat{A}, \widehat{B}\} | \psi \rangle \right|^2 = 4 \left| \langle \psi | \widehat{A}\widehat{B} | \psi \rangle \right|^2 \tag{10.26}$$

ところで，式 (10.15) のコーシー–シュワルツ不等式

$$|\langle a|b \rangle|^2 \leq \langle a|a \rangle \langle b|b \rangle$$

において，$|a\rangle = \widehat{A}|\psi\rangle$, $|b\rangle = \widehat{B}|\psi\rangle$ を代入すると次式が得られる．

$$\left|\langle\psi|\widehat{A}\widehat{B}|\psi\rangle\right|^2 \leq \langle\psi|\widehat{A}^2|\psi\rangle\,\langle\psi|\widehat{B}^2|\psi\rangle \tag{10.27}$$

ここで，式 (10.26) において，$\left|\langle\psi|\{\widehat{A},\widehat{B}\}|\psi\rangle\right|^2 \geq 0$ だから，

$$\left|\langle\psi|[\widehat{A},\widehat{B}]|\psi\rangle\right|^2 \leq 4\left|\langle\psi|\widehat{A}\widehat{B}|\psi\rangle\right|^2$$
$$\leq 4\,\langle\psi|\widehat{A}^2|\psi\rangle\,\langle\psi|\widehat{B}^2|\psi\rangle \tag{10.28}$$

よって式 (10.21) が証明された． $\square$

では最後に，エルミート演算子 $\widehat{A}, \widehat{B}$ に対して，式 (10.8) が成り立つことを証明する．

[証明] いま，演算子 $\widehat{X}, \widehat{Y}$ を次のように定義する．

$$\widehat{X} = \widehat{A} - \langle\widehat{A}\rangle_\psi, \quad \widehat{Y} = \widehat{B} - \langle\widehat{B}\rangle_\psi \tag{10.29}$$

これらは明らかにエルミート演算子である．すると，次式が成り立つ．

$$\langle\psi|\widehat{X}^2|\psi\rangle = \langle\psi|\left(\widehat{A}^2 - 2\langle\widehat{A}\rangle_\psi\widehat{A} + \langle\widehat{A}\rangle_\psi^2\right)|\psi\rangle$$
$$= \langle\psi|\widehat{A}^2|\psi\rangle - \langle\psi|\widehat{A}|\psi\rangle^2$$
$$= \Delta\widehat{A}_\psi^2 \tag{10.30}$$

同様にして，次式が成り立つ（演習問題 10.1）．

$$\langle\psi|\widehat{Y}^2|\psi\rangle = \Delta\widehat{B}_\psi^2 \tag{10.31}$$

また，式 (10.29) より次式が成り立つ．

$$\langle\psi|[\widehat{X},\widehat{Y}]|\psi\rangle = \langle\psi|[\widehat{A},\widehat{B}]|\psi\rangle \tag{10.32}$$

式 (10.21) の $\widehat{A}, \widehat{B}$ を $\widehat{X}, \widehat{Y}$ で置き換えた式に，式 (10.30)，式 (10.31) および式 (10.32) を適用すると，次式が得られる．

$$\Delta\widehat{A}_\psi^2\,\Delta\widehat{B}_\psi^2 \geq \frac{1}{4}\left|\langle\psi|[\widehat{A},\widehat{B}]|\psi\rangle\right|^2 \tag{10.33}$$

式 (10.33) の両辺の平方根をとると，式 (10.8) である次式が得られる．

$$\Delta\widehat{A}\,\Delta\widehat{B} \geq \frac{1}{2}\left|\langle[\widehat{A},\widehat{B}]\rangle\right| \tag{10.34}$$

$\square$

ハイゼンベルクの不確定性原理と小澤の不等式

　10.1 節から 10.3 節では，ロバートソン–ケナードの不確定性関係とその物理的な意味について説明した．ここでは，有名なハイゼンベルクの不確定性原理と，小澤の不等式について簡単に触れる．しばしば，ハイゼンベルクの不確定性原理の証明として，式 (10.8) のロバートソン–ケナードの不確定性関係が紹介されている場合があるが，正確ではないので注意が必要である．

　ハイゼンベルクの不確定性原理とは，1927 年に，有名な「**ハイゼンベルク顕微鏡**」の**思考実験**（thought experiment）によって主張された関係式を指す．

　ヴェルナー ハイゼンベルク（Werner Heisenberg）は，シュレーディンガーと同時期に，シュレーディンガー方程式とは異なる，8 章で導入した行列表示を用いる「**行列力学（matrix mechanics）**」と呼ばれる方法によって，量子力学の定式化に成功した偉人であり，1932 年にノーベル賞を受賞している．なお，本書では，波動関数や状態ベクトルが時間的に変化し，演算子は時間的に変化しないとする，いわゆる**シュレーディンガー描像**（Schrödinger picture）に基づいて説明している．それに対して，行列力学では，状態ベクトルは時間的に変化せず，演算子が時間的に変化するとする，いわゆる**ハイゼンベルク描像**（Heisenberg picture）に基づいている．詳しくは 13 章で紹介する他の参考書を参照してほしい．

　そのハイゼンベルクは，電子の位置を，波長が非常に短い光である γ 線を用いた γ 線顕微鏡によって観測するという仮想的な実験について考察した．その結果，位置測定の誤差を $\epsilon(\hat{x})$，それによる運動量の擾乱を $\eta(\hat{p})$ としたとき，次式が成り立つと主張した．

$$\epsilon(\hat{x})\eta(\hat{p}) \gtrsim \hbar \tag{10.35}$$

これが，いわゆるハイゼンベルクの不確定性原理である．これは，ロバートソン–ケナードの不確定性関係の式 (10.8) とは，内容も物理的な意味も異なるので注意が必要である．式 (10.8) の物理的な意味は，ある同一の状態にある粒子を多数個準備し，その状態の運動量および位置をそれぞれ測定した際の標準偏差に関する式である．一方，式 (10.35) でのハイゼンベルクの主張は，粒子の位置を測定した結果として，運動量がどのように擾乱されるかという，位置と

運動量の連続測定に関する議論となっている.

なお, 日本の研究者の小澤正直は, 式 (10.35) が厳密な下限を与えていないことを指摘し, より理論的に厳密な誤差と擾乱の関係を示した, いわゆる**小澤の不等式**を導出した. 位置と運動量の場合には次式で与えられる.

$$\epsilon(\hat{x})\eta(\hat{p}) + \epsilon(\hat{x})\Delta\hat{p} + \Delta\hat{x}\eta(\hat{p}) \geq \frac{\hbar}{2} \tag{10.36}$$

ここで, $\Delta\hat{x}, \Delta\hat{p}$ は, 粒子の位置を観測する前の状態の, 位置と運動量の標準偏差である. ハイゼンベルクの主張した不確定性原理にある第 1 項に加えて, 第 2 項と第 3 項が必要となっている. その後も, 誤差と擾乱の不等式については議論と研究が進められている.

● 10 章のまとめ

本章では, 6 章で波束で与えられる波動関数について調べた「不確定性関係」について, 8 章で導入したヒルベルト空間とブラ・ケット表記を用いて, より一般的な任意の演算子について成り立つ関係であるロバートソン–ケナードの不確定性関係を導出した.

また, ロバートソン–ケナードの不確定性関係の物理的な意味についても説明した. すなわち, ある同一の状態にある粒子を多数個準備して, 物理量 $\hat{A}$ に関する標準偏差 (不確かさ) と, 物理量 $\hat{B}$ の標準偏差の積が, $\hat{A}$ と $\hat{B}$ が交換しない際には下限が存在する, というものである. さらに, 誤差と擾乱に関するいわゆるハイゼンベルクの不確定性原理や, 誤差と擾乱の関係を厳密に導出した小澤の不等式についても紹介した.

次の章では, 引き続き 8 章で導入したヒルベルト空間とブラ・ケット表記を用いて, 量子力学の極めて重要な特徴である,「ノークローニング定理」について検討する.

◆◆◆◆◆◆◆◆◆◆◆◆　第 10 章　演習問題　◆◆◆◆◆◆◆◆◆◆◆◆

演習 10.1　式 (10.31) を導出せよ.

第11章

複数の量子の振舞いと
ノークローニング定理

　この章では，量子力学の重要な特徴である，ノークローニング定理について議論する．これまでの章では，1個の量子の振舞いについて議論してきたが，ノークローニング定理を扱うには，複数の量子の振舞いについて検討する必要がある．そのための準備として，テンソル積について説明する．その後，ノークローニング定理について議論する．

11.1　量子のもつ本質的な性質

　量子力学的に振る舞う粒子が，これまでの古典論に従う粒子と大きく異なる点として，「重ね合わせ状態」をとることや，また粒子のもつエネルギーよりも高いポテンシャル障壁を透過する「量子トンネル効果」，さらに「不確定性関係」などを紹介してきた．この章では，もう1つの量子力学の重要な特徴である，**ノークローニング定理**（no-cloning theorem）について学ぶ．ノークローニング定理は，**量子複製不可能定理**とも呼ばれる．

　ノークローニング定理は，ある未知の量子状態をもつ粒子が1つだけ与えられたときに，それと全く同じ量子状態をもつ粒子を複製することができない，という定理である．この定理は，秘密の乱数鍵を遠隔地間で共有することを可能にする**量子暗号**（quantum cryptography）の基礎となっている．量子暗号は，**量子鍵配布**（quantum key distribution）とも呼ばれる．古典的な媒体を用いて情報が送られる場合は，盗聴者はその情報を送受信者に知られずにコピーできる．しかし量子的な媒体の場合は，ノークローニング定理により，盗聴者はその状態を別の量子にこっそりとコピーすることはできない．

　ノークローニング定理を説明する前に，複数の粒子の状態の取扱いについて説明する．

11.2 複数の粒子の量子状態の表し方

これまでは，粒子が1つだけの場合について扱ってきた．個々の粒子が独立に運動する場合には，この取扱いでも問題はない．しかし，複数の粒子が互いに相互作用する場合には，それら複数の粒子全体を1つの量子状態として扱う必要がある．

まずはもっとも単純な例として，系が量子力学的に振る舞う2つの粒子 a, b によって成り立っている場合を考えよう．粒子 a が状態 $|\psi\rangle$ に，粒子 b が状態 $|\phi\rangle$ にあるとき，系の状態ベクトル $|\Psi\rangle$ は次のように表される．

$$|\Psi\rangle = |\psi\rangle_a \otimes |\phi\rangle_b \tag{11.1}$$

ここで，$\otimes$ は**テンソル積**（tensor product）を表す記号である．なお，1つの粒子であっても，その粒子のもつ独立した異なる自由度，たとえば光子の偏光と位置などの場合も，同様にテンソル積で表される．

なお，式 (11.1) は，テンソル積を省略して次のように書かれることも多い．

$$|\Psi\rangle = |\psi\rangle_a |\phi\rangle_b \tag{11.2}$$

11.3 ノークローニング定理

読者も，レポートなどを執筆している際にその電子ファイルのコピーを作成したり，あるいは紙の書類の場合にはコピー機でその複製を作ったりされていると思う．このように，日常生活で，ある「状態」の複製を作るということはよくなされている．

一般に，古典論では，任意の物理状態が与えられた場合，その完全な複製を作ることは原理的に可能である（**図 11.1**）．個々の粒子の位置と運動量を測定し，それを異なる同種粒子の組で再現すればよい．粒子に限らず，電磁波もコピーは可能である．その振幅や波長を測定したあとで，そのような電磁波を発信すればよい．なお，ここではあくまで原理的な可能性を議論しており，手間がかかりすぎるといった現実的な制限は考慮していない．

では，量子論の場合に，ある状態が与えられたときに，その完全な複製を作ることは原理的に可能だろうか．量子論では，粒子の位置と運動量を同時に測定

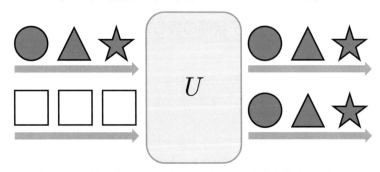

図 11.1　古典コピー機. 古典論の場合は，入力された状態を精密に測定し，それを再現することで，原理的に複製を作ることができる. 一方で量子論の場合，任意の重ね合わせ状態が入力されると，確率 1 でコピーすることはできない.

し確定することはできない. このことからも予想されるように，任意の量子状態が入力された際に，その複製を確率 1 で作ることはできない. このことを証明したのが，**ノークローニング定理**である. ウィリアム ウッタース（William Wootters）とヴォイチェフ ズーレック（Wojciech Hubert Zurek）による証明について見てみよう.

[ノークローニング定理]　いま，コピー元の量子 a の状態を，コピー先の量子 b に確率 1 で複製する場合を考える. $|\psi\rangle, |\phi\rangle$ は，互いに直交していない場合も含む任意の異なる状態と仮定する. また $|i\rangle$ は，量子 b の初期状態である.

　複製が確率 1 で行われるため，この複製操作はユニタリ変換 $\widehat{U}$ を用いて次のように書けるはずである.

$$\widehat{U}(|\psi\rangle_a |i\rangle_b) = |\psi\rangle_a |\psi\rangle_b \tag{11.3}$$

$$\widehat{U}(|\phi\rangle_a |i\rangle_b) = |\phi\rangle_a |\phi\rangle_b \tag{11.4}$$

式 (11.3) のブラベクトルと，式 (11.4) のケットベクトルの内積をとることを考える. 左辺同士は，次のようになる.

$$\begin{aligned}
({}_b\langle i|\, {}_a\langle \psi|)\widehat{U}^\dagger \widehat{U}(|\phi\rangle_a |i\rangle_b) \\
= {}_b\langle i|\, {}_a\langle \psi|\phi\rangle_a |i\rangle_b \\
= {}_a\langle \psi|\phi\rangle_a
\end{aligned} \tag{11.5}$$

また，右辺同士は次のようになる.

$$({}_b\langle\psi|\,{}_a\langle\psi|)(|\phi\rangle_a\,|\phi\rangle_b)$$
$$= {}_a\langle\psi|\phi\rangle_a\,{}_b\langle\psi|\phi\rangle_b \tag{11.6}$$

式 (11.5) と式 (11.6) は同じものなので，次式が成り立つ.

$$|\langle\psi|\phi\rangle| = |\langle\psi|\phi\rangle|^2$$
$$\therefore\ |\langle\psi|\phi\rangle| = 0\ \ \text{または}\ \ 1 \tag{11.7}$$

これは，$|\psi\rangle$, $|\phi\rangle$ が互いに直交しているか等しい状態であることを意味し，仮定に反する．よって，ある量子の任意の状態を，別の量子に確率1でコピーすることはできない． $\square$

このノークローニング定理は，Nature誌に短いレター論文として発表されたが，その衝撃は非常に大きなものであった．物理としての重要さと，論文の長さや式の複雑さとは必ずしも関係しないという顕著な例の1つである.

なお，ノークローニング定理が言っているのは，「互いに直交していない場合も含む任意の異なる状態を確率1で複製することができない」ことであるということに注意が必要である．たとえば，コピー元の状態が直交した複数の状態しかとらない場合には，確率1で複製することが可能になる．また，確率的に複製が成功すればよいのであれば，コピー元が任意の状態であったとしても，最大5/6の確率で成功するような複製装置が許される.

また，量子aの状態を壊さずに，コピー先の量子bに複製することはできないが，量子aの状態が破壊されてもよいのであれば，次の章で説明する量子もつれ状態を利用して，量子aの状態を量子bに転送することは可能である．これが，**量子テレポーテーション**と呼ばれるプロトコルである.

冒頭にも述べたように，このノークローニング定理は，量子情報科学において非常に重要な定理である．量子暗号の安全性の基礎となっているとともに，この複製不可能性が，量子通信や量子コンピュータの実現のハードルを高くしている．古典的な情報であれば，複製を重ねる，つまり信号を増幅することができるのに対して，量子的な情報では複製ができないため，長距離の通信や計算のバックアップを行うことが容易ではない．このため，複数の量子に状態を分散して保存し，その一部の量子の状態を検出してエラーを訂正する**量子誤り訂正符号**や，量子テレポーテーションなどの技術が用いられることになる.

● **11 章のまとめ** _____

　本章ではまず，複数の量子からなる系がテンソル積を用いて記述できること
を説明した．その後，「与えられた任意の量子状態を確率 1 で複製することは
できない」というノークローニング定理を証明し，その意義について説明した．
古典論では，任意の物理状態が与えられた場合，その完全な複製を作ることが
原理的に可能であることと，極めて対照的である．

　次章では，この量子力学の教科書のフィナーレとして，量子力学のもっとも
重要な特徴の 1 つである，「局所実在論との矛盾」について説明する．そのた
めに，「量子もつれ」の概念を導入し，「ベルの不等式」を導出する．

_____

◕◕◕◕◕◕◕◕◕◕◕◕◕◕◕◕◕　**第 11 章　演習問題**　◕◕◕◕◕◕◕◕◕◕◕◕◕◕◕◕◕

　演習 11.1　もしもノークローニング定理に反して任意の未知の量子状態の複製が
確率 1 で可能となった場合，盗聴者はどのようにすれば量子暗号を破ることができる
か，考察せよ．

第12章

量子もつれとベルの不等式

　「量子もつれ」とは，複数の量子が特定の相関をもった状態が重ね合わさった状態であり，量子論のもっとも重要な概念の1つである．また量子もつれ状態の存在は，従来の古典的な物理学において当然の前提と考えられてきた「局所実在論」と矛盾することが示されている．本章では，「量子もつれ」の概念を導入した後，局所性や実在性の概念を説明し，「ベルの不等式」を導出する．そして，量子もつれ状態にある量子の対によって，ベルの不等式が破られることを説明する．

12.1 光子の偏光

　1つの量子が複数の状態の重ね合わせ状態になる場合はこれまでに見てきた．たとえば7章で扱ったトンネル効果の場合，量子は障壁に到達した後，「障壁を通過した状態」と，「反射した状態」の重ね合わせ状態になっていた．では，量子が複数存在する場合には，どのような重ね合わせ状態をとり得るだろうか．この章では，光子の偏光状態を利用して考察する．

　1章で触れたように，光は光子と呼ばれる素粒子からなっている．**直線偏光**の電場は，その進行方向と垂直な向きに振動するが，その振動方向が水平の場合を「**水平偏光**」，それと垂直な偏光を「**垂直偏光**」とこの章では呼ぶことにする．たとえば，x 軸および z 軸を水平面内に，y 軸を鉛直方向にとり，光が z 軸の正の方向に進行しているならば，水平偏光の光の電場は x 方向に振動しており，垂直偏光の光の電場は y 方向に振動している．

　光子も，この偏光の自由度を有しており，ある光子 A が水平偏光（horizontal polarization）の場合 $|H\rangle_A$，垂直偏光（vertical polarization）の場合 $|V\rangle_A$ と表す．任意の光子の偏光状態は，$\{|H\rangle, |V\rangle\}$ を規格直交基底の組として表すことができる．たとえば，水平偏光と垂直偏光が同じ確率振幅の大きさで重なった状態は，その状態間の位相差を α として，次のように表される．

$$|\psi\rangle = \frac{1}{\sqrt{2}}\big(|{\rm H}\rangle + \exp({\rm i}\alpha)\,|{\rm V}\rangle\big) \tag{12.1}$$

$\alpha = 0$ のとき，光子は偏光方向が x 軸と y 軸の中間の方向の，直線偏光の状態に対応しており，+45 度偏光，あるいは **P 偏光** と呼ぶ．また，$\alpha = \pi$ のときも同様に直線偏光であり，−45 度偏光，あるいは **M 偏光** と呼ぶ．$\alpha = \pi/2, 3\pi/2$ のときは**円偏光**である．これら以外の一般の α の場合は，その主軸が鉛直方向から 45 度傾いた**楕円偏光**状態に対応している．

12.2 量子もつれ

　次に，光子が 2 つ存在する場合を考えよう．光子 A が水平偏光で，光子 B が垂直偏光のとき，2 つの光子の状態はテンソル積を用いて $|\psi\rangle = |{\rm H}\rangle_{\rm A} \otimes |{\rm V}\rangle_{\rm B}$ と書ける．同様に，$|{\rm V}\rangle_{\rm A} \otimes |{\rm H}\rangle_{\rm B}$ は，「光子 A が垂直偏光で，光子 B が水平偏光である状態」を表す．

　いま，これら 2 つの状態が，同じ大きさの確率振幅で重なり合った次の状態を考えよう（**図 12.1**）．

$$|\psi\rangle = \frac{1}{\sqrt{2}}\big(|{\rm H}\rangle_{\rm A} \otimes |{\rm V}\rangle_{\rm B} - |{\rm V}\rangle_{\rm A} \otimes |{\rm H}\rangle_{\rm B}\big) \tag{12.2}$$

　この状態は非常に興味深い特徴をもっている．いま，光子 A の任意の偏光状態を $|\alpha\rangle_{\rm A}$，光子 B の任意の偏光状態を $|\beta\rangle_{\rm B}$ とする．後に演習問題 12.1 で行うように，式 (12.2) は，これら 2 つの状態のテンソル積 $|\alpha\rangle_{\rm A} \otimes |\beta\rangle_{\rm B}$ として表すことができない．

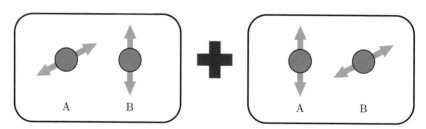

図 12.1　量子もつれ状態にある 2 つの光子．「光子 A が水平偏光，光子 B が垂直偏光」の状態と，「光子 A が垂直偏光，光子 B が水平偏光」の状態との重ね合わせ状態．

このように，複数の量子が特定の相関をもった状態の重ね合わせ状態であり，かつ，個々の量子の状態のテンソル積として表せない状態のことを，**量子もつれ**（quantum entanglement）と呼ぶ．

この後 12.4 節で説明するように，量子もつれ状態の存在は，従来の古典的な物理学において当然の前提と考えられてきた「局所実在論」と矛盾する．このことから，量子もつれは，量子論におけるもっとも重要な概念の１つである．さらに，最近の**量子情報科学**（quantum information science）において，量子もつれは，様々な量子的な操作を行うために重要な資源（resource）であることも分かってきた．たとえば，前章で少し触れた**量子テレポーテーション**には，量子もつれ状態にある粒子対が欠かせない．他にも，量子もつれ光子対を利用した**量子暗号**（quantum cryptography），さらには，多数の粒子の量子もつれ状態を生成しておいて，それら個々の量子を適切な測定基底で観測することで，**量子計算**（quantum computation）を進める方法などが提案されている．また，量子もつれ状態の光子などを利用して従来技術の限界を超えた計測を可能にする**量子センシング**の研究も急速に進展している．

12.3 実在性と局所性

それでは，従来の古典的な物理学において当然の前提とされてきた，**局所実在論**（local realism）について説明する．局所実在論とは，大まかにいえば，ある場所に存在する孤立した系の状態は，私達が観測するかどうかや，その場所から遠く離れた現象とは無関係に記述できるはず，という考え方である．

たとえば，古典力学では，ある局所的な系における物理量（位置や運動量）は，その系において局所的に決定できる．たとえば，パチンコ玉を箱の中に入れて激しく振り，その箱を静かに机の上に置いたとしよう．その箱の中のパチンコ玉の位置は，箱を開けてみなければわからない．

しかし，その箱を開ける，開けないに関わらず，その箱の中のパチンコ玉の位置は「確定している」と普通は考えるだろう．箱を開ける前の，「位置がわからない」というのは，単に「私達がその値を知らないだけ」というのが通常の認識だろう．これが局所実在論である．

しかし，量子論では，たとえば井戸型ポテンシャルの中の基底状態の電子の

位置は，その確率分布については計算できるが，電子の位置を観測した際に実際にどこで観測されるかは予言できない．これについて，アインシュタインは1926年のボルンへの手紙の中で，「私達は位置を特定できる真の理論を知らないだけではないか？」と述べ，「神はサイコロを振らない」という有名な言葉を残した．

局所性（locality）について，もう少し詳しく述べよう．局所性とは，次のことを指す．

- 場や物体は，直接接している周囲のみからの影響を受ける．
- ある地点で行われた行為や現象により，遠方の実験の結果が変わることはない．

局所性は，物理学の発展の中で確立された，現在の物理学の大前提となる考え方である．たとえば，ニュートンの重力の法則では，2つの物体の質量を M，m，その間の距離を r，重力定数を G とすると，それぞれの物体に働く力 F は次の式で与えられる．

$$F = G\frac{Mm}{r^2} \tag{12.3}$$

この式からは，2つの物体が存在すると，瞬時に物体間に力が働くことになる．つまり遠く離れた物体間で作用しあう，**遠隔作用**（action at a distance）が仮定されている．この場合，たとえば，いまこの瞬間に太陽が消失すると，地球への引力は直ちに消えることになる．

しかし，現在の重力に関する理論である一般相対性理論は，**近接作用**（action through medium）に基づいている．連続的な物体の内部で局所的な膨張によって力が生じると，その力によりその周囲の物体が押され，またその隣に伝えられるという形で力が伝わる．これが近接作用である．一般相対性理論においても，重力は同様に伝わると考えられている．重力の場合には，物体間に物質は存在しないが，物体の周囲に近接している（目に見えない）**重力場**（gravitational field）を変化させ，その変化が近接的に伝えられ，ついには他方の物体に近接する場を変化させ，最終的に他方の物体に力が働く．つまり，いまこの瞬間に太陽が消失しても，地球に近接する重力場が変化するまでは，地球は太陽のまわりを何事も無かったように回り続ける．

同様に，電磁気的な力も，当初はクーロンの法則のように遠隔作用的な考えがなされていたが，マクスウェル方程式では，電磁場を介した近接的な，すなわち局所性に基づく理論に置き換わっている．

局所性と関連する考え方に，**因果律**（causality）がある．これは，原因となる現象の効果（結果）は，光の速度より速くは伝搬できない，というものである．

12.4 アインシュタイン–ポドルスキー–ローゼンの パラドックス

1935 年，ナチスによる迫害を避けて，米国のプリンストン大学に移籍していた量子論の生みの親の一人アインシュタインは，同僚のボリス ポドルスキー（Boris Podolsky），ネイサン ローゼン（Nathan Rosen）とともに，米国物理学会の学術誌 Physical Review に，"Can Quantum-Mechanical Description of Physical Reality Be Considered Complete?" というタイトルの論文を発表した．翻訳すると「量子力学による物理的実在の記述は完全と見なし得るか？」となる．この論文が，量子もつれと実在性の矛盾を最初に明示的に指摘したものであり，著者の頭文字をとって **EPR パラドックス**（EPR paradox）とも呼ばれる．ここでは，アインシュタインらの主張について簡単に説明する．なお，下記の説明の中の式の多くは，原論文で用いられているものである．論文も，タイトルで検索すればダウンロードできるので，機会があればぜひ読んでみてほしい．

彼らは，**実在**に関して，「もし，ある系（対象）をなんら乱さずに，確実に物理量がある値をとると予言できるのであれば，その物理量に対応した，ある実在の要素（element of reality）が存在する」と定義した．

ところで，すでに見たように，ある物理量 $\widehat{A}$ に対して，固有状態 $|\psi\rangle$ が固有値 a をもつとき，すなわち

$$\widehat{A}\,|\psi\rangle = a\,|\psi\rangle \tag{12.4}$$

が成り立つとき，状態 $|\psi\rangle$ にある粒子の物理量 $\widehat{A}$ は確実に a という値をとる．つまり，彼らの実在の定義からは，「状態 $|\psi\rangle$ にある粒子に対しては，物理量 $\widehat{A}$ に対応した実在の要素が存在する」といえる．

たとえば，次のような波動関数が与えられたとする．

$$\psi = \exp\left(\frac{i}{\hbar} p_0 x\right) \tag{12.5}$$

ここでは，物理量の次元 $[L^{-\frac{1}{2}}]$ をもった係数が省略されている．この波動関数に運動量 $\widehat{p} = -i\hbar \frac{\partial}{\partial x}$ を施すと，次式が得られる．

$$\widehat{p}\psi = p_0\psi \tag{12.6}$$

よって，式 (12.5) で表される状態にある粒子に対しては，運動量は確実に値 p_0 をもっている．すなわち，式 (12.5) で表される状態にある粒子の運動量は実在である．

アインシュタインらは，次のような波動関数で記述される 2 つの粒子について考察を行った．

$$\Psi(x_1, x_2) = \int_{-\infty}^{\infty} \exp\left(\frac{i}{\hbar}(x_1 - x_2 + x_0)p\right) dp \tag{12.7}$$

ここで，x_1, x_2 は粒子の位置，x_0 はある定数，p は運動量である．この積分の中身は，粒子 1 が運動量 p を，粒子 2 が運動量 $-p$ をもった波動関数と見なすことができる．つまり，この波動関数は，粒子 1 と 2 が，大きさが同じで符号が反対となる様々な運動量の重ね合わせ状態になっている．この場合，粒子 1 について運動量を測定して，ある値 p_A が得られたとすると，粒子 2 は確実に運動量 $-p_A$ をもつことが予言できる．つまり，粒子 2 には，運動量に対応した物理的実在が存在するはずである．

一方，式 (12.7) は次の式に変形できる．

$$\Psi(x_1, x_2) = \int_{-\infty}^{\infty} \delta(x_1 - x)\delta(x - x_2 + x_0) dx \tag{12.8}$$

ここで $\delta(x)$ は，8 章で導入したディラックのデルタ関数である．式 (12.8) からは，粒子 1 について，位置 x_1 を測定してある値 x_A が得られたならば，粒子 2 の位置 x_2 は確実に値 $x_A + x_0$ をもつことが予言できる．つまり，粒子 2 には，位置に対応した物理的実在が存在するはずである．つまり，粒子 2 の位置と運動量は，同時に物理的実在になり得ることになる．一方，10 章で学んだように，粒子の位置と運動量の間には不確定性関係があり，同時に決定することができない．つまり「粒子の位置と運動量は，同時に物理的実在となり得な

い」ことになり，矛盾する．

　このことを，もう少しかみ砕いて説明しよう．いま，式 (12.7) のように状態が与えられたとき，粒子 1 を京都に，粒子 2 を札幌に移動したとする．そして，京都で粒子 1 の「位置」を測定すると，札幌にある粒子 2 の「位置」を確実に予言できる．つまり粒子 2 の物理的実在は「位置」である．逆に，京都で粒子 1 の「運動量」を測定すると，今度は札幌にある粒子 2 の「運動量」を確実に予言でき，この場合粒子の物理的実在は「運動量」になる．このように，遠く隔たっており，互いに相互作用しない場所（京都）で行われる測定の種類によって，（札幌にある）粒子 2 の「物理的実在」がころころ変わるのはおかしい，局所実在論の立場からは，決して受けいれられない，という主張だ．「局所実在論」の立場に立てば，粒子 2 の状態は，粒子 2 自身に関する局所的な物理変数によって表されるはずである．粒子 2 の状態を表す物理変数やその内容が，それと相互作用をしていない粒子 1 に関する「測定する物理量の種類」や「結果」によって影響を受ける（変わる）ということはあり得ない．

　アインシュタインらが論文を発表したあと，もう一人の量子論の生みの親であるニールス ボーア（Niels Bohr）は，"Can Quantum-Mechanical Description of Physical Reality be Considered Complete?" という，アインシュタインらの論文とほぼ同じ題名の論文を発表している．その論文でボーアは，量子論は誤っておらず，粒子 1 の運動量を測定するということは，「運動量」と「位置」という相補的な 2 つの物理量のなかで，粒子 1 と粒子 2 の間での「運動量相関」に注目することを選択したことに相当するのみで，なんら矛盾はなく，量子論は完全な理論であると反論している．しかし，アインシュタインらが論文中で言及した，「より完全に記述できるような，局所実在論に基づいた，量子力学にかわる新たな理論があり得るのではないか」という問には答えていなかった．

12.5　ベルの不等式

　「局所実在論に基づいた新たな理論の可能性」を実験的に検証できることを 1964 年に提示したのが，ジョン ベル（John S. Bell）である．ベルは，1990 年に 62 歳で亡くなったが，もし存命であれば，ノーベル賞が授与されたことは

間違いない. 2022 年にノーベル賞が量子もつれの研究に与えられた際に, その授賞理由に「ベルの不等式の破れ」と明示しているところにもそのことが感じられる. 20 世紀最大の発見と評価する研究者もいる, 素晴らしい発見である. ベルは, その論文 "On the Einstein Podolsky Rosen Paradox" のなかで, シュテルン–ゲルラッハ型の装置を用いた, 2 つの粒子のスピン状態の測定を論じた. 1 点注意してほしいことがある. <u>ベルの不等式は量子論を前提に導出されたものではなく, その導出の部分では量子論は現れない,</u> という点である. ここからは, 光子の偏光を用いて, ベルの不等式について解説する.

12.5.1 光子の対の偏光状態を測定する

まず, 光子の偏光の解析に用いる光学素子である, **偏光ビームスプリッター**の動作について説明する. **図 12.2** に示した偏光ビームスプリッターは, サイコロ状のガラスでできた素子で, 2 つの三角プリズムが, 特殊な膜を介して貼り合わされている. **図 12.2 (a)**, **(b)** に示すように, 水平偏光 |H⟩ の光子は透過し, 垂直偏光 |V⟩ の光子は入射した方向と垂直な方向に反射する働きをも

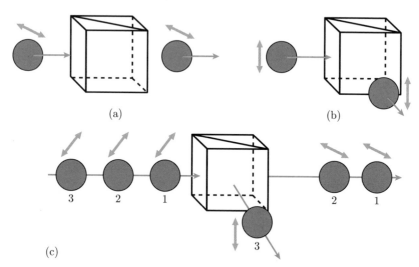

図 12.2 偏光ビームスプリッターの動作. (a) 水平偏光の光子 (b) 垂直偏光の光子 (c) P 偏光（斜め +45 度偏光）の光子が入射した場合.

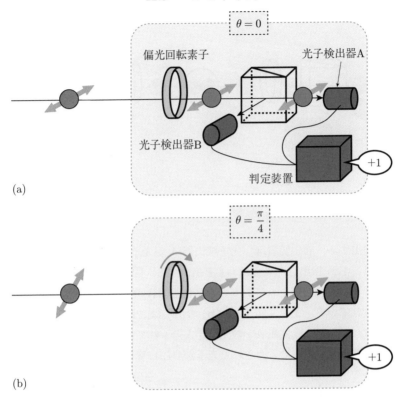

図 12.3 光子の偏光解析装置の動作. (a) 装置のパラメータ θ が 0 に設定されている際に，水平偏光の光子が入射すると，偏光解析装置は確実に +1 を出力する. (b) 装置のパラメータ θ が $\pi/4$ に設定されている際に，P 偏光（斜め +45 度偏光）の光子が入射すると，偏光解析装置は確実に +1 を出力する.

つ．いま，偏光ビームスプリッターに，P 偏光 $|P\rangle$ の光子を入射する場合を考えよう（**図 12.2 (c)**）．12.1 節で説明したように $|P\rangle = (|H\rangle + |V\rangle)/\sqrt{2}$ である．そのため，偏光ビームスプリッターから出力されたあとで，光子検出器で観測する場合を考えると，光子は $1/2$ の確率でデタラメに透過もしくは反射することになる.

　図 12.3 (a) は，この偏光ビームスプリッターを用いた偏光解析装置である．入力された光子は，偏光回転素子によって，ある決められた角度 θ だけ偏光が回転された後，偏光ビームスプリッターに入力される．そして，2 つの光子検

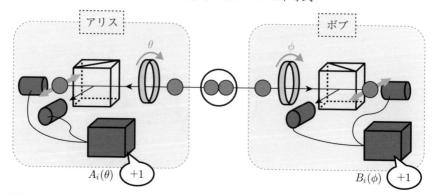

図 12.4　光子対の相関測定装置．発生した光子対は，それぞれ光子偏光解析装置に
入力され，その結果が記録される．

出器で検出する．判定装置は，光子検出器 A が光子を検出した場合は +1 を，
光子検出器 B が検出した場合は −1 を出力する．**図 12.3 (a)** では，装置のパ
ラメータ θ は 0 に設定されており，水平偏光 $|\mathrm{H}\rangle$ の光子が入力されたため +1
が出力されている．また，**図 12.3 (b)** の例では，装置のパラメータ θ は $\pi/4$
に設定されており，P 偏光 $|\mathrm{P}\rangle$ の光子が入力されている．この場合，偏光回転
素子により，装置内部で入力された光子が $|\mathrm{H}\rangle$ に変換され，結果として +1 が
出力される．

　なお，$\theta = \pi/4$ のときに，$|\mathrm{V}\rangle$ 偏光の光子が入力されるとどうなるだろうか．
この場合は，入力された光子の偏光は，偏光回転素子を通過すると $|\mathrm{P}\rangle$ となり，
光子は 2 つの光子検出器でデタラメに検出されることになる．つまり，装置か
らは，毎回 +1 と −1 がデタラメに出力されることになる．

　図 12.4 は，ベルが考えた**思考実験**（thought experiment）の装置である．
いま，光子が対で存在するとき，一方の光子をアリスの光子偏光解析装置に，
もう一方の光子をボブの解析装置に送り込む．アリスもボブも，送られてくる
光子の状態については知識はもたず，その距離も十分遠く離れているとする．
そして，解析装置のパラメータ θ, ϕ の値を制御して，その光子対ごとに得られ
た結果を記録していく．i 番目の光子対に対するアリスとボブの測定結果はそ
れぞれ $A_i(\theta), B_i(\phi)$ であり，それぞれ +1 あるいは −1 の値をもつ．

　いま，N 個の光子対に対して，このような実験を行ったとする．その際，

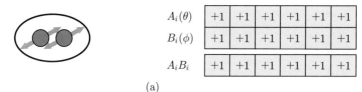

$A_i(\theta)$	+1	+1	+1	+1	+1	+1
$B_i(\phi)$	+1	+1	+1	+1	+1	+1
A_iB_i	+1	+1	+1	+1	+1	+1

(a)

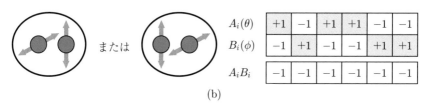

または

$A_i(\theta)$	+1	−1	+1	+1	−1	−1
$B_i(\phi)$	−1	+1	−1	−1	+1	+1
A_iB_i	−1	−1	−1	−1	−1	−1

(b)

図 **12.5** アリスとボブによる測定結果の例

アリスとボブの測定結果の平均値 $\langle A(\theta)\rangle, \langle B(\phi)\rangle$ およびその**測定結果の相関** $\langle A(\theta)B(\phi)\rangle$ は次のように与えられる.

$$\langle A(\theta)\rangle = \frac{1}{N}\sum_{i=1}^{N} A_i(\theta) \tag{12.9}$$

$$\langle B(\phi)\rangle = \frac{1}{N}\sum_{i=1}^{N} B_i(\phi) \tag{12.10}$$

$$\langle A(\theta)B(\phi)\rangle \equiv \frac{1}{N}\sum_{i=1}^{N} A_i(\theta)B_i(\phi) \tag{12.11}$$

それでは，この装置を用いた思考実験の例を見てみよう．図 **12.5 (a)** は，2 つの光子が共に水平偏光 $|\mathrm{H}\rangle$ をもった光子対が放出されており，またアリスの偏光解析装置のパラメータが $\theta = 0$ に，ボブの解析装置のパラメータが $\phi = 0$ に設定されている場合である．このときは，アリスとボブの偏光解析装置は共に常に +1 を出力する．よって，アリスとボブの測定結果は，$\langle A(\theta = 0)\rangle = +1, \langle B(\phi = 0)\rangle = +1$ である．また，それら測定結果の積も毎回常に +1 であるため，$\langle A(\theta = 0)B(\phi = 0)\rangle = +1$ となる．

図 **12.5 (b)** は，光子の一方が水平偏光 $|\mathrm{H}\rangle$，他方が垂直偏光 $|\mathrm{V}\rangle$ の光子対が発生し，それらが完全にデタラメにアリスとボブに送信されている場合である．今回も，アリスの偏光解析装置のパラメータは $\theta = 0$ に，ボブの解析装置

のパラメータは $\phi = 0$ に設定されているとする. この例では, 表の 1 つ目の光子対について, アリスの測定結果は $A_1(\theta = 0) = +1$ である. つまり, アリスには水平偏光 $|\mathrm{H}\rangle$ の光子が送られていたことになる. よって, ボブには垂直偏光 $|\mathrm{V}\rangle$ が送られていたはずであり, 確かに 1 回目のボブの測定結果は $B_1(\phi = 0) = -1$ となっている. このとき, その積は $A_1(\theta = 0)B_1(\phi = 0) = -1$ である.

図 **12.5 (b)** には, これが 2 つ目の光子対, 3 つ目の光子対と繰り返された結果も示されている. アリスの測定結果が +1 のとき, ボブの測定結果は −1, あるいはその逆の結果が, デタラメに得られていることがわかる. よって, それらの期待値は $\langle A(\theta = 0)\rangle = 0$, $\langle B(\phi = 0)\rangle = 0$ である.

また, 測定結果の積は常に $A_i(\theta = 0)B_i(\phi = 0) = -1$ であるため, 測定結果の相関は $\langle A(\theta = 0)B(\phi = 0)\rangle = -1$ となる.

12.5.2 局所実在論に基づく不等式

ベルは, 局所実在論が成立する場合には, 次の仮定が成り立つと考えた.

局所実在論が成立する場合の仮定

アリスの測定器における光子の検出結果 $a(\theta, \lambda)$ は, 測定装置のパラメータ θ とある**隠れた変数** (hidden variable) λ によって決定され, 遠方の測定装置のパラメータ ϕ には依存しない.

なお, 測定器は必ず +1 または −1 の結果を出力するので,

$$a(\theta, \lambda) = \pm 1 \tag{12.12}$$

である. また, 隠れた変数 λ は, 離散値または連続値のいずれでもよいが, 以下では連続値を仮定する. なお, もし離散値も含めたければ, 以下の積分の部分に, 適宜離散的な和を加えればよい.

また, $p(\lambda)$ は, λ がある値をとる確率であり, 次の式が成り立つ.

$$\int p(\lambda)\, \mathrm{d}\lambda = 1 \tag{12.13}$$

このとき, アリスの測定結果の期待値 $\langle A(\theta)\rangle$ は次式で与えられるはずである.

$$\langle A(\theta)\rangle = \int p(\lambda)a(\theta,\lambda)\,\mathrm{d}\lambda \tag{12.14}$$

なお，λ は複数の変数の組であってもかまわない．

　同様にして，ボブの測定器における光子の検出結果を $b(\phi,\lambda)$ とすると，ボブの測定結果の期待値 $\langle B(\phi)\rangle$ は次式で与えられる．

$$\langle B(\phi)\rangle = \int p(\lambda)b(\phi,\lambda)\,\mathrm{d}\lambda \tag{12.15}$$

そして，測定結果の相関は次のように与えられる．

$$\langle A(\theta)B(\phi)\rangle = \int p(\lambda)a(\theta,\lambda)b(\phi,\lambda)\,\mathrm{d}\lambda \tag{12.16}$$

　いま，アリスとボブが，与えられた光子対に対して，それぞれ2つの異なる角度の組 (θ_1,θ_2) と (ϕ_1,ϕ_2) で測定を行ったとしよう．そして，その測定結果の相関から次の量 C を計算する場合を考える．

$$C \equiv \langle A(\theta_1)B(\phi_1)\rangle + \langle A(\theta_2)B(\phi_1)\rangle - \langle A(\theta_1)B(\phi_2)\rangle + \langle A(\theta_2)B(\phi_2)\rangle \tag{12.17}$$

ここで，第3項のみ，符号がマイナスであったことに注意しておいてほしい．追って証明するように，式 (12.16) が成り立つとき，次の不等式が成立する．

$$|C| \le 2 \tag{12.18}$$

これが，ベルの不等式の一種である，**CHSH 不等式**である．

　式 (12.18) の証明は次のようになる．

[CHSH 不等式の証明]　まず，簡単化のために，$a_1 = a(\theta_1,\lambda)$, $a_2 = a(\theta_2,\lambda)$, $b_1 = b(\phi_1,\lambda)$, $b_2 = b(\phi_2,\lambda)$ とおく．任意の実数 x,y に対して，$|x-y| \le |x| + |y|$ である．よって，次の不等式が成立する．

$$|(a_1 + a_2)b_1 - (a_1 - a_2)b_2| \le |(a_1 + a_2)b_1| + |(a_1 - a_2)b_2| \tag{12.19}$$

ところで，$b_1 = \pm1$, $b_2 = \pm1$ なので，$|(a_1 + a_2)b_1| = |a_1 + a_2|$，また $|(a_1 - a_2)b_2| = |a_1 - a_2|$ である．よって式 (12.19) は，次のように変形できる．

$$|(a_1 + a_2)b_1 - (a_1 - a_2)b_2| \le |a_1 + a_2| + |a_1 - a_2| \tag{12.20}$$

ここで，$(a_1, a_2) = (+1,+1), (+1,-1), (-1,+1), (-1,-1)$ の4通りの組合せのすべてについて，$|a_1 + a_2| + |a_1 - a_2| = 2$ であることが分かる．よって，

$$|(a_1 + a_2)b_1 - (a_1 - a_2)b_2| \le 2$$

$$-2 \le (a_1 + a_2)b_1 - (a_1 - a_2)b_2 \le 2 \tag{12.21}$$

が得られる．式 (12.21) に，$p(\lambda)$ をかけて λ について積分する．このとき，式 (12.13) に注意すれば，次式が得られる．

$$-2 \le \int (a_1 b_1 + a_2 b_1 - a_1 b_2 + a_2 b_2) p(\lambda)\, \mathrm{d}\lambda \le 2 \tag{12.22}$$

この不等式 (12.22) の中央は，式 (12.16) を考慮すると式 (12.17) で定義された C に等しい．よって，

$$-2 \le C \le 2 \tag{12.23}$$

となり，式 (12.18) が証明された．　　　　　　　　　　　　　　□

12.6　ベルの不等式の破れ

それでは，量子論が予言する測定結果の相関について見てみよう．いま，アリスとボブに送られる光子対が，次のような量子もつれ状態にあるとする．

$$|\psi\rangle = \frac{1}{\sqrt{2}}\big(|\mathrm{H}\rangle_\mathrm{A} \otimes |\mathrm{V}\rangle_\mathrm{B} - |\mathrm{V}\rangle_\mathrm{A} \otimes |\mathrm{H}\rangle_\mathrm{B}\big) \tag{12.24}$$

このとき，量子論に従うと，後に説明するように測定結果の相関は次の式のように求められる．

$$\langle A(\theta)B(\phi)\rangle_{\mathrm{QM}} = -\cos 2(\theta - \phi) \tag{12.25}$$

いくつかの $\theta - \phi$ の値に対して，式 (12.25) の値を表 12.1 にまとめた．

いま，アリスが測定器のパラメータとして $\theta_1 = 0, \theta_2 = \pi/4$ のいずれかを，ボブが $\phi_1 = \pi/8, \phi_2 = 3\pi/8$ のいずれかをデタラメに選んで，光子の偏光状態を観測し，測定結果の相関を得たとしよう．

このとき，式 (12.17) で与えられる C を計算しよう．第 3 項のみ，符号がマ

表 12.1　量子論によって予測される測定結果の相関

$\theta - \phi$	0	$\dfrac{\pi}{8}$	$\dfrac{\pi}{4}$	$\dfrac{3\pi}{8}$	$\dfrac{\pi}{2}$
$\langle A(\theta)B(\phi)\rangle_{\mathrm{QM}}$	-1	$-\dfrac{\sqrt{2}}{2}$	0	$\dfrac{\sqrt{2}}{2}$	1

イナスであったことに注意すると，式に含まれる 4 つの項すべてが $-\sqrt{2}/2$ となる．つまり，

$$|C| = 2\sqrt{2} > 2 \qquad (12.26)$$

となり，式 (12.18) のベルの不等式が破られることになる．つまり，局所実在論が成り立たないことを意味している．

最後に，式 (12.25) を導出しよう．**図 12.3 (a)** の偏光解析装置では，偏光回転素子によって，入力された光子の偏光は，角度 θ だけ回転される．このような偏光回転素子は，$|H\rangle$ 偏光，$|V\rangle$ 偏光の光子の偏光を，それぞれ次のような $|H'\rangle$ 偏光，$|V'\rangle$ 偏光状態に変化させる．

$$|H'\rangle = \cos\theta\,|H\rangle + \sin\theta\,|V\rangle \qquad (12.27)$$

$$|V'\rangle = -\sin\theta\,|H\rangle + \cos\theta\,|V\rangle \qquad (12.28)$$

興味深いことに，式 (12.24) の光子対の状態は，式 (12.27)，式 (12.28) を用いると次の式に変形できる（演習問題 12.2）．

$$|\psi\rangle = \frac{1}{\sqrt{2}}\big(|H'\rangle_A \otimes |V'\rangle_B - |V'\rangle_A \otimes |H'\rangle_B\big) \qquad (12.29)$$

これは，アリスとボブの装置の双方で，光子の偏光を同じ角度 θ 回転させても，式 (12.24) の量子もつれ光子対に対する実験結果は変わらないことを示している．

次に，**図 12.4** の装置に対して，式 (12.24) で表される光子対を用いて，アリスのパラメータ θ を 0 に固定し，ボブのパラメータ ϕ を変化させる場合について，式 (12.11) で与えられる測定結果の相関を求めてみよう．

いま，アリスの装置の測定結果が $+1$ だとする．これはアリス側の光子が，水平偏光 $|H\rangle$ として観測されたことを意味するため，式 (12.24) から，ボブ側の光子は，ボブの偏光解析装置に入力される手前では垂直偏光 $|V\rangle$ であることがわかる．この光子が，ボブの偏光解析装置の内部で偏光の角度が ϕ 回転された後の状態は，式 (12.28) から次のように書ける．

$$|V'\rangle_B = -\sin\phi\,|H\rangle_B + \cos\phi\,|V\rangle_B \qquad (12.30)$$

よって，ボブの装置の出力結果は，確率 $\sin^2\phi$ で $+1$，確率 $\cos^2\phi$ で -1 である．よって，アリスの装置の測定結果が $+1$ であった場合の測定結果の相関は，「確率 × アリスの測定結果 × ボブの測定結果」を合算することで，次のように

求まる.

$$\langle A(\theta = 0)B(\phi) \rangle = \sin^2 \phi \times 1 \times 1 + \cos^2 \phi \times 1 \times (-1)$$
$$= -\cos 2\phi \tag{12.31}$$

アリスの装置の測定結果が -1 だとした場合についても, 同様に考察すると, 測定結果の相関は式 (12.31) と一致する (演習問題 12.3). つまり, 式 (12.31) は, アリスの測定結果に関わらず成り立つ.

ところで, 式 (12.29) の結果から, アリスのパラメータを θ, ボブのパラメータを ϕ とした場合の測定結果の相関は, 式 (12.31) の ϕ を, $\phi - \theta$ で置き換えたものに等しいはずである. すなわち,

$$\langle A(\theta)B(\phi) \rangle = -\cos 2(\theta - \phi) \tag{12.32}$$

となり, 式 (12.25) が得られる.

12.6.1　ベルの不等式の破れの実験的な検証

ベルによる不等式の発見ののち, 当時米国コロンビア大学の大学院生であったジョン クラウザー (John Francis Clauser) は, この検証実験を志した. 1969 年に, マイケル ホーン (Michael Horne), アブナー シモニー (Abner Shimony), リチャード ホルト (Richard Holt) の 3 名とともに, 原子から 2 つの光子が放出される現象を利用する検証実験の提案論文を発表, 米国カリフォルニア州立大学バークレー校で, スチュアート フリードマン (Stuart Freedman) とともに 1972 年に実験結果を発表した. その実験で得られた測定結果の相関は式 (12.25) と一致しており, ベルの不等式の破れを確認した. しかし, クラウザーの実験では, アリスとボブの測定装置のパラメータ θ, ϕ が固定された状態で測定結果の相関を計測していた. この場合, アリス側の測定装置の状態 θ が, 私達の知らない何らかの物理現象によりボブの測定装置に伝わっている可能性が排除できない. つまり, 局所性の条件が満たされていない.

1976 年に, フランスの大学院生であったアラン アスペ (Alain Aspect) は, 高速の光スイッチを利用することで, 光がアリスからボブの測定装置へと伝わる時間 (40 ns) よりも短い時間 (15 ns) で, アリス側およびボブ側の測定装置のパラメータを切り替える実験を考案, 1982 年に共同研究者らとともに実験に成功, そのような状況下でもベルの不等式が破られることを確認した.

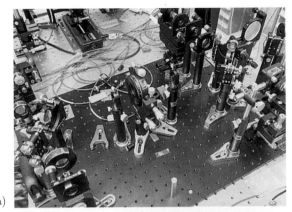

(a)

(b)

図12.6　量子もつれ光子対の生成装置．(a) 中央部に設置された非線形性をもつ光学結晶にレーザー光を入射し，発生した量子もつれ光子対を光ファイバーに導入している．(b) 中央の透明なガラスのような物体が，非線形性をもつ光学結晶．角度を精密に制御可能な保持具に納められている．

　クラウザーとアスペは，同様に量子力学の非局所性に関する実験や量子テレポーテーションの実現を行ったアントン ツァイリンガー（Anton Zeilinger）とともに，2022年にノーベル物理学賞を受賞している．

　図**12.6**は，筆者の研究室で構築した，量子もつれ光子対の生成装置である．これまでに，このような量子もつれ光子対源を利用して，より精密なベルの不等式の破れの検証実験が進められてきた．たとえば，100 kmを超えるような

遠距離間でも，ベルの不等式が破られることが確認されている．

● 12 章のまとめ

　本章では，光子の偏光状態や「量子もつれ」の概念について説明したのち，古典論では当然の考え方であった局所実在論と量子論の関係について説明した．そこではアインシュタインとボーアの論争について触れた後，光子対の測定に対して，局所実在論のもとで成立する，測定結果の相関に対するベルの不等式について解説した．また量子論によって予測される測定結果の相関は，ベルの不等式を破ってしまうこと，およびその破れが，クラウザーやアスペらによる実験により確認されていることを説明した．

　これらの先駆的な実験の他，数々の精密な「ベルの不等式の破れ」の検証実験により，私達の生きるこの世界は，局所実在論が成立しないことが明らかになっている．つまり，ここにある物体の状態は，ここにある測定装置と物体だけからは決定することができない．つまり，「粒子の位置や運動量，光子の偏光といった物理量は，その粒子そのものが担っている」という考え方は，（光の速度を超えて，装置間でパラメータの情報がやりとりされていない限り）成立しない．では，式 (12.2) で与えられるような「量子もつれ状態」の情報は，いったい宇宙のどこに書き込まれているのだろうか？　この，まだ答えの無い問いについての議論は現在も続けられている．

　一方で，本章で解説した量子もつれは，量子センシング，量子暗号通信，量子コンピュータなどの現在芽吹きつつある様々な量子技術にとって，不可欠な資源として活用されつつある．そこでは，ここで紹介した光子対の偏光の相関測定なども，「量子もつれ」の質を検証する検査として日常的に行われている．

第 12 章　演習問題

演習 12.1　式 (12.2) は，光子 A と光子 B の任意の偏光状態のテンソル積 $|\alpha\rangle_\mathrm{A} \otimes |\beta\rangle_\mathrm{B}$ として表せないことを示せ．

演習 12.2　式 (12.27)，式 (12.28) を用いて，式 (12.29) を導出せよ．

演習 12.3　アリスの装置の測定結果が -1 だとした場合についての測定結果の相関

も，式 (12.31) と一致することを確認せよ.

演習 12.4　図 **12.5 (b)** に示した，光子の一方が水平偏光 $|H\rangle$，他方が垂直偏光 $|V\rangle$ の光子対が発生し，それらが完全にデタラメにアリスとボブに送信されている場合について，式 (12.17) で定義される C を計算し，式 (12.18) のベルの不等式を破らないことを確認せよ.

第13章

量子論のさらなる理解と その発展

　1章の前期量子論に始まり，シュレーディンガー方程式やヒルベルト空間を用いた量子論の基本的な枠組みについて説明してきた．また，エネルギーの量子化，トンネル効果，不確定性関係，さらにノークローニング定理や量子論の非局所性などについても学んできた．この最後の章では，さらに広大に拡がる量子論の世界と今後の学習に向けた指針について述べる．

13.1　これまで学んだ量子論を振り返って

　本書では，量子論の本質を理解していただくということを第一に考えた．具体的には，波束の運動，不確定性関係の実験的な意味，ノークローニング定理，量子もつれ状態やベルの不等式など，量子論の本質と関わるトピックについて説明してきた．

　これらの概念に初めて触れられたであろう読者にとって，いままで登ったことのない孤立した高峰を登るようなものだったのではないだろうか．これまでの新しい知識に触れる楽しみと，理解するための苦しみを振り返り，また読み終えた達成感を感じていただいていると思う．

　以下では，さらに学習を進めるにあたっての教科書等を紹介しつつ，量子論の世界の拡がりについて説明する．なお，これらの教科書等には，本書を執筆するにあたって参考にさせていただいたものも含まれている．

13.2　より発展的な量子論の世界

　ここまで学んだ量子力学をもとにして，様々な発展的な研究分野を学ぶことが可能である．

13.2.1　量子情報科学

　その第一は**量子技術**（quantum technology）や**量子情報科学**だろう．量子重ね合わせや量子もつれを駆使することで，従来のコンピュータでは解くのに時間がかかりすぎる問題を解くことが可能な**量子コンピュータ**，不確定性原理に基づき物理的に安全性が担保された秘密通信を実現する**量子暗号**，また従来の測定感度限界を超える**量子センシング**などの研究が急速にすすめられている．

- Quantum Computation and Quantum Information, Michael A. Nielsen, Isaac L. Chuang 著, Cambridge University Press (2000)

は，量子情報科学を学ぶ際の，国際的にスタンダードな教科書である．英語版のペーパーバックは，その分量に対して価格も安い．英文も易しく書かれており，本書を学習した読者には十分理解可能だろう．

- 量子コンピュータ—超並列計算のからくり，竹内繁樹，講談社ブルーバックス（2005）

は，拙著で恐縮だが，量子情報科学の概要を知りたい方におすすめする．最初の部分では，量子論の不思議な性質を紹介した後，量子コンピュータや，ショアによる因数分解量子アルゴリズム，また量子暗号通信などのしくみを解説している．

13.2.2　場 の 量 子 論

　次に紹介するのが，**場の量子論**（quantum field theory）である．本書の前半で扱ったシュレーディンガー方程式は，その変数として質点の質量が含まれているように，電子などの「粒子」に対する方程式である．一方で，電磁気学では，電場や磁場などの「場（field）」を扱う．それらの場の振動を，本書の5章で説明した調和振動子の集合としてとらえるのが，場の量子論である．たとえば，**光子**も，この場の量子論によって初めて正確に取り扱うことができる．ただし，場の量子論は，素粒子理論の基礎ともなっているため，数学的に高度な内容の教科書が多い．

- 古典場から量子場への道 増補第2版 高橋康，表實 著，講談社（2006）

は，それらの中でも古典的な場の理論から，段階を踏みつつ場の量子化の説明

がされており，理解しやすいだろう．

13.2.3　量 子 光 学 ▬▬▬▬

また，特に電磁場の量子化や光子については，「**量子光学**」という学問領域がある．

- Concepts of Quantum Optics, P. L. Knight and L. Allen 著, Pergamon Press (1983)

は，アインシュタインの光量子の発見から，量子光学の基礎まで扱われている．

- 量子光学の考え方, P. L. Knight and L. Allen 著, 氏原紀公雄 訳, 内田老鶴圃 (1989)

はその邦訳であり，原書に含まれている重要な論文の邦訳も含まれておりすばらしい．

- 光の量子論, Rodney Loudon 著, 小島忠宣, 小島和子 訳, 内田老鶴圃 (1994)

は，世界的にスタンダードな教科書である．

- Optical Coherence and Quantum Optics, Leonard Mandel and Emil Wolf 著, Cambridge University Press (1995)

は，量子光学の第一人者による網羅的で優れた教科書であり，なにかに困ったときに参照するのに便利である．

- 量子光学, 松岡正浩 著, 裳華房 (2000)

は，日本における量子光学の第一人者による教科書である．特に実験研究者にとって貴重な内容を多く含んでいる．

13.3　量子力学の学習をさらに深める

本書では，量子力学的に振る舞う粒子の本質的な性質に特に焦点をあてて説明した．そのため，他の量子力学の教科書で触れられている内容などでも，省略したものもある．

その例が，クーロンポテンシャル中での電子の運動である．これは，高校の化学で習う，原子中の電子の軌道が導かれるため興味深い項目である．しかし，数学的に込み入った説明が必要なことから，本書では触れられなかった．

- 量子力学入門, 阿部龍蔵 著, 岩波書店 (1980)

は, 初めて量子力学を学ぶ方を対象とした入門書であり, クーロンポテンシャルのような中心力場での電子の運動なども取り扱われているので, 興味のある読者には参考になるだろう.

- メシア量子力学 1–3, A. メシア 著, 小出昭一郎, 田村二郎 訳, 東京図書 (1971)
- 量子力学 上, 下, シッフ 著, 井上健 訳, 吉岡書店 (1983)

は, それぞれ「メシア」,「シッフ」と呼ばれる, 網羅的な内容を含んだ定評のある教科書である.

- 量子力学 I, II, 朝永振一郎 著, みすず書房 (1969)

も, 電磁場の量子化でノーベル賞を受賞された, 朝永振一郎先生による名著として世界的に有名である.

- The Principles of QUANTUM MECHANICS, P.A.M. Dirac 著, リプリント, みすず書房 (1963)

は, 量子力学の創設者の一人であるディラックによる, ブラ・ケット形式による代表的な教科書である. 英語も美しく記述も含蓄に富み, 学部高学年や大学院生の輪講にも適している.

- 現代の量子力学 (上), (下), 桜井純 著, 段三孚 編集, 桜井明夫 翻訳, 吉岡書店 (1989)

は比較的新しい教科書で,「J. J. Sakurai」として世界的に広く読まれている教科書である. ベルの不等式の, ジョン ベルが序文を寄せている. 大学院生向けであるが, 本書で一通り学習した読者なら, さらに量子論の深い理解を得ることができるだろう. 最近, ナポリターノ教授による大幅な加筆がなされた第3版がでたが, 個人的には第1版のほうが, シンプルな記述で好みである.

- 新版 量子論の基礎—その本質のやさしい理解のために, 清水明 著, サイエンス社 (2004)

は, 量子論の理論研究者の清水先生による, 量子論を学ぶ中で理解の困難な概念も丁寧に解説した教科書である. ベルの不等式に関する熱のこもった説明などを本書の説明と読み比べることで, 理解が深まるだろう.

- 量子力学の基礎, 北野正雄 著, 共立出版 (2010)

は, 本教科書ライブラリの編者の一人である北野先生が執筆されており, これ

まで紹介した教科書とは「直交する」視点で書かれたユニークな教科書である．双対の概念などを始め，本書では深く触れることができなかった内容について，詳細で明快な説明がなされている．

- 量子力学ノート 数理と量子技術，佐藤文隆 著，SGC ライブラリ 102，サイエンス社（2013）

は，本教科書ライブラリの編者の一人である佐藤先生が執筆されており，学部の講義などにより量子力学を学習して，どこか量子力学に不思議さを感じた人達を念頭に執筆されている．本書で学習した内容をさらに深めるのに役立つだろう．

- 演習 量子力学［新訂版］，岡崎誠，藤原毅夫 著，サイエンス社（2002）

は，様々な問題の解法が詳細に記述されており，本書で学習する際にも，理解度を確認するのに役立つだろう．

- 量子革命：アインシュタインとボーア　偉大なる頭脳の激突，マンジット クマール 著，青木薫 訳，新潮文庫（2017）

は一般書であるが，本書で述べた量子力学の創成期から，ベルの不等式の検証実験，さらに量子技術の進展までが活写されており，楽しんでいただけると思う．講義の冒頭で，学生にすすめている．

　なお，本書執筆にあたっては，上にあげた様々な教科書，特に阿部龍蔵先生，桜井純先生，清水明先生，北野正雄先生の教科書を参考にさせていただいた．また，本書が学生向けの教科書であり専門書ではないため，参考にした学術論文の個々の具体的な出典は記していない．この場をお借りして，これらの著者の皆様に心より感謝申しあげる．

　最後に読者の皆様が，本書で学んだ知識を糧に，様々な方面で活躍されることを心より願っている．

演習問題解答

● 第1章

演習 1.1 粒子の質量を m_e,等速円運動の速さを v,半径を r とすると,式 (1.7) は $m_e v \times 2\pi r = nh$ となり,ボーアの量子条件式 (1.6) と一致する.

演習 1.2 省略

● 第2章

演習 2.1 式 (2.9) を式 (2.13) に代入すると $\frac{\hbar^2}{2m}k^2 = \hbar\omega$ となり,式 (2.14) が得られる.

演習 2.2 式 (2.18) を式 (2.12) に代入すると,右辺は $\hbar\omega\psi(x,y,z)\exp(-\mathrm{i}\omega t)$ となる.これに式 (2.1) の $E = \hbar\omega$ を適用し,共通する $\exp(-\mathrm{i}\omega t)$ で両辺を割ると式 (2.19) が得られる.

演習 2.3 粒子の波動関数は式 (2.31) で与えられる.粒子の存在確率はその絶対値の自乗で与えられるため,$1/L$ となり位置に依存しない.「波動関数」が周期解をもっても,その存在確率の分布が一様な場合もあることに注意してほしい.

● 第3章

演習 3.1 いま,量子ドットからの発光が,量子ドット中の電子が基底状態と第1励起状態間を遷移する場合の光子放出によると仮定する.式 (3.13) より,そのエネルギー差 ΔE は次のようにかける.

$$\begin{aligned}
\Delta E &= E_2 - E_1 \\
&= \frac{\hbar^2\pi^2}{2m_e a^2}(2^2 - 1^2) \\
&\sim a^{-2}
\end{aligned} \tag{A.1}$$

また,$\Delta E = h\nu = \frac{ch}{\lambda}$ であるから,放出される光子の波長 λ は量子ドットの大きさを a とすると a^2 に比例する.赤色の波長を仮に 600 nm,青色の波長を 450 nm とすると,青色の量子ドットの大きさは,赤色に対して $\frac{\sqrt{3}}{2}$ 倍程度であることになる.この演習問題は,1次元の無限井戸型ポテンシャルの解を用いての考察であるが,3次元の場合の解である式 (3.37) の場合にはどうなるか,検討してほしい.

演習 3.2

$$\int_0^\pi \sin nx \sin mx \, \mathrm{d}x = \begin{cases} \dfrac{\pi}{2} & (m = n) \\ 0 & (m \neq n) \end{cases} \tag{A.2}$$

および,$\frac{\pi}{a}x \to x'$ の変数変換を用いればよい.

演習 3.3 エネルギーの低い順に,縮退度は 1, 3, 3, 3, 1.

演習 3.4

$$\psi_S = \alpha\psi_A + \beta\psi_B \tag{A.3}$$

とする. また, $\widehat{H} = -\frac{\hbar^2}{2m}\Delta + V(\boldsymbol{r})$ と表したとき, これらのエネルギー固有値が共に E で縮退しているので次のように表される.

$$\widehat{H}\psi_A = E\psi_A \tag{A.4}$$

$$\widehat{H}\psi_B = E\psi_B \tag{A.5}$$

このとき,

$$\widehat{H}\psi_S = \widehat{H}(\alpha\psi_A + \beta\psi_B) \tag{A.6}$$

$$= \alpha E\psi_A + \beta E\psi_B \tag{A.7}$$

$$= E(\alpha\psi_A + \beta\psi_B) \tag{A.8}$$

$$= E\psi_S \tag{A.9}$$

よって, ψ_S も同じエネルギー固有値 E をもつシュレーディンガー方程式の解である.

● 第 4 章

演習 4.1 原点に対して対称な 1 次元の井戸型ポテンシャルにおける束縛状態の波動関数について考える. 束縛状態では, 井戸型ポテンシャルの中に閉じ込められた離散的な波数 k をもった定在波として波動関数は存在する. シュレーディンガー方程式の分散関係 $E = \frac{\hbar^2 k^2}{2m}$ より, エネルギー固有値は k^2 に比例する. つまり, エネルギー固有値の大きさの順に, 離散的な「波数」をもつ. たとえば, いまあるエネルギー固有値の波動関数が偶関数で与えられているとしよう. 波数 (波の数) を 1 つ増やそうとすると, 定在波の節 (腹) を 1 つ増やすことになるため, (原点で 0 の値をとる) 奇関数となる. さらに波数を 1 つ増やそうとすると, 今度は偶関数となる. 以上が, エネルギー固有値の大きさの順に, パリティ偶, 奇の解が交互に現れる定性的な説明である.

● 第 5 章

演習 5.1

$$\frac{\mathrm{d}^2}{\mathrm{d}x^2}\psi(x) = \frac{\mathrm{d}^2}{\mathrm{d}\xi^2}\left(\frac{\mathrm{d}\xi}{\mathrm{d}x}\right)^2 f(\xi)$$

$$= \frac{m_e\omega}{\hbar}\frac{\mathrm{d}^2}{\mathrm{d}\xi^2}f(\xi) \tag{A.10}$$

を用いると, 式 (5.11) に変形できる.

演習 5.2 式 (5.13) を式 (5.12) に代入すれば確認できる.

演習 5.3 いま, 式 (5.24) の s が偶数の場合について考える. r を正の整数として $s = 2r$ とおくと,

$$c_{2(r+1)} = \frac{(4r - \lambda + 1)}{(2r + 1)(2r + 2)}c_{2r} \tag{A.11}$$

これから，ある十分大きな正の整数 R が存在し，$r > R$ のときに次の式が成り立つ．

$$c_{2(r+1)} \simeq \frac{1}{r+1} c_{2r} \tag{A.12}$$

よって，

$$\frac{1}{2} < \kappa < 1 \tag{A.13}$$

に対し，$r > R$ では，次式が成り立つ．

$$c_{2(r+1)} > \frac{\kappa}{r+1} c_{2r} \tag{A.14}$$

式 (A.14) を繰り返し適用すると，次の関係が得られる．

$$c_{2r} > \frac{\kappa}{r} c_{2(r-1)} > \cdots > \frac{\kappa^{r-R}}{r(r-1)\cdots(R+1)} c_{2R} \tag{A.15}$$

ここで，

$$c_{2R} = \frac{\kappa^R}{R!} A \tag{A.16}$$

となるような定数 A を用いると，$r > R$ のとき，次式が成り立つ．

$$c_{2r} > \frac{\kappa^r}{r!} A \tag{A.17}$$

式 (5.19) を変形して，式 (A.17) を適用すると

$$
\begin{aligned}
u_{\mathrm{e}}(\xi) &= \sum_{r=0}^{R} c_{2r} \xi^{2r} + \sum_{r=R+1}^{\infty} c_{2r} \xi^{2r} \\
&> \sum_{r=0}^{R} c_{2r} \xi^{2r} + \sum_{r=R+1}^{\infty} \frac{\kappa^r}{r!} A \xi^{2r} \\
&= \sum_{r=0}^{R} \left(c_{2r} - \frac{\kappa^r}{r!} A \right) \xi^{2r} + \sum_{r=0}^{\infty} \frac{\kappa^r}{r!} A \xi^{2r} \\
&= P_{2R}(\xi) + \sum_{r=0}^{\infty} \frac{\kappa^r}{r!} A \xi^{2r} \\
&= P_{2R}(\xi) + A \exp\left(\kappa \xi^2 \right)
\end{aligned}
\tag{A.18}
$$

ここで，$P_{2R}(\xi)$ は，次数が $2R$ の ξ の多項式を表す．式 (A.18) を式 (5.16) に適用すると，次式が得られる．

$$f(\xi) > P_{2R}(\xi) \exp\left(-\frac{\xi^2}{2} \right) + A \exp\left(\left(\kappa - \frac{1}{2} \right) \xi^2 \right) \tag{A.19}$$

式 (A.13) より，右辺の第 2 項は $|\xi| \to \infty$ で無限大となり，$f(\xi)$ は発散する．

式 (5.24) の s が奇数の場合についても同様に示される．

● 第6章

演習 6.1 式 (6.47) を t で偏微分すると次式が得られる.

$$\frac{\partial \langle p \rangle}{\partial t} = -i\hbar \frac{\partial}{\partial t}\left(\int \psi^* \frac{\partial}{\partial x}\psi \, dx \right)$$

$$= -i\hbar \int \left(\psi^* \frac{\partial^2}{\partial x \partial t}\psi + \frac{\partial \psi^*}{\partial t}\frac{\partial \psi}{\partial x} \right) dx \tag{A.20}$$

式 (6.35),式 (6.36) を代入すると次のようになる.

$$\frac{\partial \langle p \rangle}{\partial t} = \int \left\{ \psi^* \frac{\partial}{\partial x}\left(\frac{\hbar^2}{2m}\frac{\partial^2}{\partial x^2}\psi - U\psi \right) \right.$$

$$\left. + \frac{\partial \psi}{\partial x}\left(-\frac{\hbar^2}{2m}\frac{\partial^2}{\partial x^2}\psi^* + U\psi^* \right) \right\} dx \tag{A.21}$$

ここで,部分積分を複数回適用すると,積分の第1項は次のように変形できる.

$$\int \psi^* \frac{\partial}{\partial x}\frac{\partial^2}{\partial x^2}\psi \, dx = \left[\psi^* \frac{\partial^2}{\partial x^2}\psi \right]_{-\infty}^{\infty} - \int \frac{\partial}{\partial x}\psi^* \frac{\partial^2}{\partial x^2}\psi \, dx$$

$$= -\left[\frac{\partial}{\partial x}\psi^* \frac{\partial}{\partial x}\psi \right]_{-\infty}^{\infty} + \int \frac{\partial^2}{\partial x^2}\psi^* \frac{\partial}{\partial x}\psi \, dx$$

$$= \int \frac{\partial}{\partial x}\psi \frac{\partial^2}{\partial x^2}\psi^* \, dx \tag{A.22}$$

これを用いると,式 (A.21) は次のようになる.

$$\frac{\partial \langle p \rangle}{\partial t} = -\int \psi^* \left\{ \frac{\partial}{\partial x}(U\psi) - U\frac{\partial}{\partial x}\psi \right\} dx$$

$$= -\int \psi^* \left(\frac{\partial U}{\partial x}\psi \right) dx \tag{A.23}$$

よって式 (6.48) が得られた.

演習 6.2 式 (6.2) にあるように,波束は,k_0 を中心に様々な波数 k の波で構成されている.それぞれ波数 k に比例した速さで伝搬するため,波の前方は波数が大きく(波長が短く),後方は波数が小さく(波長が長く)なり,形状は非対称になる.

● 第7章

演習 7.1 式 (7.36) より,確率流密度 $j(x,t)$ は次式で与えられる.

$$j(x,t) \equiv -\frac{i\hbar}{2m}\left\{ \psi^*(x,t)\left(\frac{\partial}{\partial x}\psi(x,t) \right) - \left(\frac{\partial}{\partial x}\psi^*(x,t) \right)\psi(x,t) \right\} \tag{A.24}$$

いま,$\psi(x,t) = f(x)\exp\{i(kx - \omega t)\}$ で与えられているので,$\frac{d}{dx}f(x) = f'(x)$ と略すと,次式が得られる.

$$\frac{\partial}{\partial x}\psi(x,t) = f'(x)\exp\{i(kx - \omega t)\} + f(x) \times ik\exp\{i(kx - \omega t)\}$$

$$\frac{\partial}{\partial x}\psi^*(x,t) = f'(x)\exp\{-\mathrm{i}(kx - \omega t)\} + f(x) \times (-\mathrm{i}k)\exp\{-\mathrm{i}(kx - \omega t)\}$$

これらを式 (A.24) に代入すると次式が得られる.

$$j(x,t) = \frac{\hbar k}{m}|f(x)|^2 \tag{A.25}$$

粒子の運動量は $\hbar k$ であるから, 粒子の速さを $v = \frac{\hbar k}{m}$ とおくと次式が得られる.

$$j(x,t) = v|f(x)|^2 \tag{A.26}$$

この結果から, 確率流密度は, 確率密度に粒子の速さを掛けたものになっている.

● 第 8 章

演習 8.1　　$\widehat{A}|a\rangle = |x\rangle$

$$\langle x| = \langle a|\widehat{A}^\dagger$$

$$c|x\rangle \leftrightarrow c^*\langle x|$$

$$c\widehat{A}|a\rangle \leftrightarrow \langle a|c^*\widehat{A}^\dagger$$

よって　$(c\widehat{A})^\dagger = c^*\widehat{A}^\dagger$

演習 8.2　　$\widehat{B}|a\rangle = |x\rangle$

$$\langle x| = \langle a|\widehat{B}^\dagger$$

$$\widehat{A}|x\rangle \leftrightarrow \langle x|\widehat{A}^\dagger$$

$$\widehat{A}\widehat{B}|a\rangle \leftrightarrow \langle a|\widehat{B}^\dagger\widehat{A}^\dagger$$

よって　$(\widehat{A}\widehat{B})^\dagger = \widehat{B}^\dagger\widehat{A}^\dagger$

演習 8.3　エルミート演算子を $\widehat{A}$, その固有値を λ, 固有状態を $|a\rangle$ とする.

$$\widehat{A}|a\rangle = \lambda|a\rangle \tag{A.27}$$

両辺に左から $\langle a|$ をかけると,

$$\langle a|\widehat{A}|a\rangle = \langle a|\lambda|a\rangle = \lambda\langle a|a\rangle \tag{A.28}$$

一方, 式 (A.27) と双対な式 $\langle a|\widehat{A}^\dagger = \langle a|\lambda^*$ より,

$$\langle a|\widehat{A}^\dagger|a\rangle = \langle a|\lambda^*|a\rangle = \lambda^*\langle a|a\rangle \tag{A.29}$$

$\widehat{A}$ はエルミート演算子なので $\widehat{A} = \widehat{A}^\dagger$, よって $\lambda = \lambda^*$.

演習 8.4

$$\langle\psi_1|\widehat{A}|\psi_2\rangle = \langle\psi_1|\lambda_2|\psi_2\rangle$$
$$= \lambda_2\langle\psi_1|\psi_2\rangle \tag{A.30}$$
$$\langle\psi_2|\widehat{A}|\psi_1\rangle = \langle\psi_2|\lambda_1|\psi_1\rangle$$
$$= \lambda_1\langle\psi_2|\psi_1\rangle \tag{A.31}$$

ところで，式 (A.31) の左辺の複素共役は，次のようになる.

$$\langle\psi_2|\widehat{A}|\psi_1\rangle^* = \langle\psi_1|\widehat{A}^\dagger|\psi_2\rangle$$
$$= \langle\psi_1|\widehat{A}|\psi_2\rangle \tag{A.32}$$

これは，式 (A.30) の左辺と同一である.

一方，式 (A.31) の右辺の複素共役は，次のようになる.

$$(\lambda_1\langle\psi_2|\psi_1\rangle)^* = \lambda_1^*\langle\psi_2|\psi_1\rangle^*$$
$$= \lambda_1\langle\psi_1|\psi_2\rangle \tag{A.33}$$

ここで，演習 8.3 の結果から，λ_1 が実数であることを用いた.

式 (A.30) と式 (A.33) は等しいから，

$$(\lambda_1 - \lambda_2)\langle\psi_1|\psi_2\rangle = 0 \tag{A.34}$$

$\lambda_1 \neq \lambda_2$ より

$$\langle\psi_1|\psi_2\rangle = 0 \tag{A.35}$$

演習 8.5 グラム–シュミットの方法で構築された $\{|v_1\rangle,\cdots,|v_{k-1}\rangle\}$ は，（完全系ではないが）規格直交系をなしていると考えてよい. $j = 1,\cdots,k-1$ とするとき，式 (8.38) に左から $\langle v_j|$ をかけると次のようになる.

$$\langle v_j|v_k'\rangle = \langle v_j|b_k\rangle - \sum_{i=1}^{k-1}\langle v_i|b_k\rangle\langle v_j|v_i\rangle$$
$$= \langle v_j|b_k\rangle - \sum_{i=1}^{k-1}\langle v_i|b_k\rangle\delta_{i,j}$$
$$= \langle v_j|b_k\rangle - \langle v_j|b_k\rangle$$
$$= 0 \tag{A.36}$$

よって $|v_k'\rangle$ と $|v_1\rangle,\cdots,|v_{k-1}\rangle$ は直交している.

演習 8.6 解答例は以下の通り.

- 複素数 $\langle b|w\rangle$ と，複素数 $\langle v|a\rangle$ の積.
- ブラベクトル $(\langle b|w\rangle\langle v|)$ と，ケットベクトル $|a\rangle$ の内積.
- ブラベクトル $\langle b|$ と，ケットベクトル $(|w\rangle\langle v|a\rangle)$ の内積.
- ブラベクトル $\langle v|$ と，ケットベクトル $(\langle b|w\rangle|a\rangle)$ の内積.
- ブラベクトル $(\langle v|a\rangle\langle b|)$ と，ケットベクトル $|w\rangle$ の内積.
- ブラベクトル $\langle b|$ と，演算子 $|w\rangle\langle v|$ がケットベクトル $|a\rangle$ に左から施された状態（ケットベクトル）の内積.
- ブラベクトル $\langle b|$ に演算子 $|w\rangle\langle v|$ が右から施された状態（ブラベクトル）と，ケットベクトル $|a\rangle$ の内積.

演習 8.7 まず，式 (8.68) を証明する. 式 (8.63) より，次式が成り立つ.

$$\int_{-\infty}^{\infty} f(-x)\delta(x)\,\mathrm{d}x = f(0) \tag{A.37}$$

x を $-x$ に置き換えると，変数変換と積分領域の変換により，次式が得られる．

$$\int_{-\infty}^{\infty} f(x)\delta(-x)\,\mathrm{d}x = f(0) \tag{A.38}$$

この式と式 (8.63) で両辺の差をとると，次式が得られる．

$$\int_{-\infty}^{\infty} f(x)\big(\delta(x) - \delta(-x)\big)\,\mathrm{d}x = 0 \tag{A.39}$$

これが任意の $f(x)$ に対して成り立つことから，$\delta(x) = \delta(-x)$ となる．これから，$\delta(x)$ が偶関数であることがわかる．

　次に式 (8.69) については，任意の x についての連続関数 $f(x)$ と $x\delta(x)$ の積を考えると，式 (8.63) より

$$\int_{-\infty}^{\infty} f(x)x\delta(x)\,\mathrm{d}x = 0$$

となる．任意の $f(x)$ に対してこれが成り立つため，積分される関数の中の因子としては，$x\delta(x) = 0$ と考えられる．

　最後に式 (8.70) について証明する．

$$\int_{-\infty}^{\infty} f\Big(\frac{x}{a}\Big)\delta(x)\,\mathrm{d}x = f(0) \tag{A.40}$$

を，$x \to ax'$ と変数変換する．$a > 0$ のとき，次のようになる．

$$\int_{-\infty}^{\infty} f(x')\delta(ax')a\,\mathrm{d}x' = f(0) \tag{A.41}$$

x' を x と書き直すと，次のようになる．

$$\int_{-\infty}^{\infty} f(x)a\delta(ax)\,\mathrm{d}x = f(0) \tag{A.42}$$

式 (8.68) の証明と同様に，この式と式 (8.63) で両辺の差をとると，$\delta(x) - a\delta(ax) = 0$ が常に成り立つことが分かる．よって，$\delta(ax) = \delta(x)/a$. 次に，$a < 0$ のときは，積分領域の変換のために次の式が成り立つ．

$$-\int_{-\infty}^{\infty} f(x')\delta(ax')a\,\mathrm{d}x' = f(0) \tag{A.43}$$

$a > 0$ のときと同様に計算を進めると，$\delta(ax) = -\delta(x)/a$ が得られる．よって，a が正のときと負のときの結果をまとめると，$\delta(ax) = \delta(x)/|a|$.

　演習 8.8　式 (8.47) で説明したように共役演算子の行列は，複素共役をとり転置して得られることを利用すれば容易に確認できる．

　演習 8.9　省略

　演習 8.10　行列の固有値を λ，固有ケットを $|r\rangle$ とすると，次式が得られる．

$$\widehat{R}\,|r\rangle = \lambda\,|r\rangle$$

$$\left(\widehat{R} - \lambda \widehat{I} \right) |r\rangle = |0\rangle \tag{A.44}$$

右辺はゼロケットである. $|r\rangle$ はゼロケットでないため, 式 (A.44) が成り立つために
は, $\widehat{R} - \lambda \widehat{I}$ が逆行列をもたないことが条件となる. すなわち

$$\det\left(\widehat{R} - \lambda \widehat{I} \right) = 0 \tag{A.45}$$

これを実際に計算すると, 固有値として $(1+\mathrm{i})/\sqrt{2}$ と $(1-\mathrm{i})/\sqrt{2}$ が得られる. それ
ぞれに対する規格化された固有ケットの行列表示は次のようになる.

$$\frac{1}{\sqrt{2}} \begin{pmatrix} 1 \\ 1 \end{pmatrix}, \frac{1}{\sqrt{2}} \begin{pmatrix} 1 \\ -1 \end{pmatrix} \tag{A.46}$$

より詳しい固有値や固有ベクトルの求め方については, 線形代数の教科書等を参照
せよ.

演習 8.11 直交性については $\langle a_1' | a_2' \rangle = 0$ を確認すればよい. $\widehat{R}$ を 4 回連続して
$|a_1\rangle$ と $|a_2\rangle$ に施して得られる状態は, それぞれ $|a_1\rangle$ と $|a_2\rangle$. すなわち元の状態に
戻る.

● **第9章**

演習 9.1 式 (9.14) から $\widehat{K}$ がエルミート演算子であることを考慮して次式が成り
立つ.

$$\widehat{T}^\dagger(\mathrm{d}x) = \widehat{I} + \mathrm{i}\widehat{K} \cdot \mathrm{d}x \tag{A.47}$$

式 (9.10) の左辺にこれらを代入すると次のようになる.

$$\begin{aligned} \widehat{T}^\dagger(\mathrm{d}x)\widehat{T}(\mathrm{d}x) &= \left(\widehat{I} + \mathrm{i}\widehat{K} \cdot \mathrm{d}x \right)\left(\widehat{I} - \mathrm{i}\widehat{K} \cdot \mathrm{d}x \right) \\ &= \widehat{I} + o(\mathrm{d}x^2) \end{aligned} \tag{A.48}$$

なお, $o(\mathrm{d}x^2)$ は $\mathrm{d}x$ の 2 次以上の演算子を含む多項式である. いま $\mathrm{d}x$ は無限小の微
小量なので, $o(\mathrm{d}x^2)$ を無視すると式 (9.10) が成り立つ.

式 (9.11) と式 (9.13) の解は省略. 式 (9.12) は式 (9.11) で $\mathrm{d}x'' = -\mathrm{d}x'$ と置くと
示すことができる.

演習 9.2 $\widehat{T}(\mathrm{d}x)$ の次元が無次元であるため, $\widehat{K} \cdot \mathrm{d}x$ も無次元であることから, $\widehat{K}$
の次元は $[\mathrm{L}^{-1}]$ である.

演習 9.3 演習 9.1 の解答と同様に示せばよい.

演習 9.4 式 (9.54) および式 (9.24) より,

$$\frac{\partial}{\partial t}\widehat{U}(t, t_0) = -\mathrm{i}\frac{\widehat{H}}{\hbar} \exp\left\{ -\mathrm{i}\frac{\widehat{H}}{\hbar}(t - t_0) \right\} \tag{A.49}$$

この結果から, 式 (9.52) が満たされることが示される.

● **第10章**

演習 10.1 省略

● **第11章**

演習 11.1 盗聴者は，通信路を伝送されている粒子 a の量子状態 $|\psi\rangle$ を，準備した別の粒子 b に複製する．このとき，粒子 a の状態は変化しないため，送受信者は盗聴者の存在に気づくことができない．盗聴者は，その粒子 b の状態をさらに多数の粒子に複製することで，量子状態 $|\psi\rangle$ をもった粒子を多数手元に準備することができる．このようにした後，個々の粒子を測定することで，量子トモグラフィーと呼ばれる手順により，送られていた量子状態 $|\psi\rangle$ を特定することができる．このようにして，盗聴者は，送受信者に知られずに，送受信されている量子状態を知ることができる，つまり量子暗号を破ることができる．

● **第12章**

演習 12.1 ここでは確率的に複数の状態をとっている場合（いわゆる混合状態）は考えないとする．そのとき，光子 A の任意の偏光状態 $|\alpha\rangle_{\mathrm{A}}$ および光子 B の任意の偏光状態 $|\beta\rangle_{\mathrm{B}}$ は次のように表される．

$$|\alpha\rangle_{\mathrm{A}} = a\,|\mathrm{H}\rangle_{\mathrm{A}} + b\,|\mathrm{V}\rangle_{\mathrm{A}} \tag{A.50}$$
$$|\beta\rangle_{\mathrm{B}} = c\,|\mathrm{H}\rangle_{\mathrm{B}} + d\,|\mathrm{V}\rangle_{\mathrm{B}} \tag{A.51}$$

ここで，a, b, c, d は任意の複素数で，規格化条件から $aa^* + bb^* = 1$, $cc^* + dd^* = 1$ を満たしている．いま，仮に $|\psi\rangle$ が次のようにかけるとする．

$$|\psi\rangle = |\alpha\rangle_{\mathrm{A}} \otimes |\beta\rangle_{\mathrm{B}} \tag{A.52}$$

この式に，式 (A.50)，式 (A.51) を代入して整理すると次式になる．

$$\begin{aligned}|\psi\rangle = {} & ac\,|\mathrm{H}\rangle_{\mathrm{A}} \otimes |\mathrm{H}\rangle_{\mathrm{B}} + ad\,|\mathrm{H}\rangle_{\mathrm{A}} \otimes |\mathrm{V}\rangle_{\mathrm{B}} \\ & + bc\,|\mathrm{V}\rangle_{\mathrm{A}} \otimes |\mathrm{H}\rangle_{\mathrm{B}} + bd\,|\mathrm{V}\rangle_{\mathrm{A}} \otimes |\mathrm{V}\rangle_{\mathrm{B}}\end{aligned} \tag{A.53}$$

式 (A.53) と式 (12.2) の係数を比較すると

$$\begin{aligned} ac = bd &= 0 \\ ad &= \frac{1}{\sqrt{2}} \\ bc &= -\frac{1}{\sqrt{2}} \end{aligned} \tag{A.54}$$

$ac = 0$ より a または c のいずれかは 0 であるが，その場合 ad または bc のいずれかは 0 でなければならない．よってこれらを同時に満たす a, b, c, d は存在せず，矛盾する．よって，式 (12.2) は，式 (A.52) のようには表すことができない．

演習 12.2 三角関数の公式を適切に用いれば容易に導出できる．

演習 12.3 アリスの装置の測定結果が -1 の場合，アリス側の光子は垂直偏光 $|\mathrm{V}\rangle$ で観測されたことを意味するため，ボブ側の光子は，ボブの偏光解析装置に入力される手前では水平偏光 $|\mathrm{H}\rangle$ である．この光子が，ボブの偏光解析装置の内部で，偏光の角度が ϕ 回転された後の状態は，式 (12.27) から次のようになる．

$$|\mathrm{H}'\rangle_{\mathrm{B}} = \cos\phi\,|\mathrm{H}\rangle_{\mathrm{B}} + \sin\phi\,|\mathrm{V}\rangle_{\mathrm{B}} \tag{A.55}$$

よって，ボブの装置の出力結果は，確率 $\cos^2 \phi$ で $+1$，確率 $\sin^2 \phi$ で -1 である．よって，アリスの装置の測定結果が -1 であった場合の測定結果の相関は次のようになる．

$$\langle A(\theta = 0)B(\phi)\rangle = \cos^2 \phi \times (-1) \times 1 + \sin^2 \phi \times (-1) \times (-1)$$
$$= -\cos 2\phi \tag{A.56}$$

よって，アリスの装置の測定結果が -1 の場合も測定結果の相関は式 (12.31) と一致する．

演習 12.4 省略

索　引

著者略歴

竹内繁樹
たけ　うち　しげ　き

1993 年　京都大学　大学院理学研究科　物理学第一専攻
　　　　　修士課程修了
現　　在　京都大学　大学院工学研究科　電子工学専攻　教授
　　　　　京都大学博士（理学）

主要著書

『量子コンピュータ』ブルーバックス　講談社（2005）
『量子情報の物理』共立出版（2007）（共訳）

ライブラリ理学・工学系物理学講義ノート＝6

量子力学講義ノート
——前期量子論から量子もつれまで——

2024 年 3 月 10 日 © 　　　　　　　　　　初 版 発 行

著　者　竹内繁樹　　　　　　発行者　森 平 敏 孝
　　　　　　　　　　　　　　印刷者　大 道 成 則

発行所　　株式会社　サ イ エ ン ス 社

〒151-0051　東京都渋谷区千駄ヶ谷 1 丁目 3 番 25 号
営業 ☎ (03)5474–8500（代）　振替 00170–7–2387
編集 ☎ (03)5474–8600（代）
FAX ☎ (03)5474–8900

印刷・製本　（株）太洋社
《検印省略》

サイエンス社のホームページのご案内
https://www.saiensu.co.jp
ご意見・ご要望は
rikei@saiensu.co.jp　まで.

ISBN978–4–7819–1597–5

PRINTED IN JAPAN